KLAUSUREN

Biologie Oberstufe

Brixius · Högermann · Lingg · Steinhofer

STARK

Bild- und Textnachweis

Umschlag: © Andreus / Dreamstime.com
Seite 1: Text: Autor: S. Schindler – www.stern.de/gesundheit/gesundheitsnews/mondscheinkrankheit-verdammt-zu-einem-leben-in-dunkelheit-610582.html
Seite 3: Abb. 3: © Polish Physiological Society – www.jpp.krakow.pl/journal/archive/12_08_s6/gfx/rys0506.gif
Seite 10: Abb. 2: T. A. Brown, Gentechnologie für Einsteiger. Heidelberg: Spektrum Akadem. Verlag, 3. Aufl. 2002, S. 293
Seite 22: Abb. 1: H. Dathe, Die Raubtiere. In: Grzimeks Tierleben. Bd. 13: Säugetiere. Kindler Verlag, S. 49
Seiten 26 /27: Abb.1 u. 2: Die Tiere unserer Welt, Bd. 11: Das Verhalten der Tiere. S. 112 /113
Seite 51: Text: R. Czepel, science@orf.at – http://sciencev1.orf.at/news/134039.html
Seite 52: Abb. 1: Courtesy of R. Vrijenhoek, MBARI
Seiten 63 – 65: Abb. 1, 2 u. 3: B. Ronacher, H. Hemminger, Einführung in die Sinnesphysiologie. Heidelberg: Quelle & Mayer, 3. Aufl. 1984, S. 55, 62, 66
Seite 70: Abb. 1: E. Betz, W. Mergenthaler, K. D. Mörike, Biologie des Menschen. Heidelberg: Quelle & Meyer, 13. Aufl. 1991, S. 4 – 33
Seite 71: Abb. 2: K. Golenhofen, Basislehrbuch Physiologie: Lehrbuch, Kompendium, Fragen und Antworten. München: Elsevier, Urban & Fischer, 4. überarb. und akt. Aufl. 2006, S. 158
Seite 77: Abb. 1: © Wilhelm Stockem
Seite 78: Abb. 2, Tab. 1: H. Angermann, G. Vogel, dtv-Atlas zur Biologie, Bd. 1, 1984, S. 18
Seite 87: Abb. 1: H. Kleinig, P. Sitte, Zellbiologie. Ein Lehrbuch. Heidelberg: Spektrum Akadem. Verlag, 5. Aufl. 2004, S. 165, ISBN 978-3-8274-0806-8
Seite 88: Abb. 2: W. K. Purves (Hsg.: J. Markl, Übersetzer: A. Held), Biologie. München: Spektrum Akadem. Verlag, 7. Aufl. 2006, S. 88
Seite 92: Abb. 1 u. 2: J. Terborgh, Lebensraum Regenwald. Heidelberg: Spektrum Akadem. Verlag, 1992, S. 234
Seiten 98 – 100: Abb. 1, 2 u. 3: W. K. Purves (Hsg.: J. Markl, Übersetzer: A. Held), Biologie. München: Spektrum Akadem. Verlag, 7. Aufl. 2006, S. 1307 – 1309
Seite 108: Abb. 1: J. Alves Gaspar – http://commons.wikimedia.org/wiki/File:Volucella_September_2007-2.jpg Lizenziert unter der Creative Commons-Lizenz „Attribution ShareAlike 3.0".
Seiten 118 / 119: Abb. 1 u. 2: J. Prautl (Hsg.: B. Löwe), Vita – Ein Lehr- und Arbeitsbuch für die Kollegstufe, Bd. 2: Anatomische und physiologische Grundlagen des Verhaltens: Verhalten, Evolution. Bamberg: C. C. Buchners Verlag, 1994, S. 43
Seite 119: Abb. 3: Autoren: T. Haak, H. Feßler, K. Beyer-Pörsch, Diabetes Zentrum Heidelberg – www.diabetes-heute.uni-duesseldorf.de/index.html?TextID=1124#2
Seite 120: Text: ©1998 – 2012 scinexx Springer Verlag Heidelberg, MMCD interactive in science, Düsseldorf – www.g-o.de/inc/artikel_drucken.php?id=13172&a_flag=1%29
Seite 124: Abb. 1: G. Heide, Zootomische Übungen mit physiologischem Kolloquium. Universität Düsseldorf, SS 1981

ISBN 978-3-86668-528-4

www.stark-verlag.de
1. Auflage 2012

Inhalt

Fortpflanzung und Entwicklung

Neurobiologie

Immunbiologie

Zellbiologie

Ökologie

Evolution

Themenübergreifende Klausuren

Autoren:
Rolf Brixius (Klausuren 4, 5, 8, 14, 15, 16, 18, 22)
Dr. Christiane Högermann (Klausuren 2, 12, 13, 17, 20, 21)
Werner Lingg (Klausuren 1, 10)
Harald Steinhofer (Klausuren 3, 6, 7, 9, 11, 19)

Vorwort

Lieber Schüler, liebe Schülerin,

der vorliegende Band unterstützt Sie mit **über 20 Übungsklausuren** bei Ihrer Vorbereitung auf die Leistungsfeststellungen in der gymnasialen Oberstufe.
Detaillierte Lösungsvorschläge zu den Musterklausuren ermöglichen Ihnen die Überprüfung Ihres Wissens und die Einschätzung Ihres Leistungsstandes. Weiterführende Informationen sowie **Tipps und Hinweise** zur Bearbeitung der Aufgaben sind durch *kursiven* Druck hervorgehoben.

Gemäß Oberstufenlehrplan ist ein Großteil der Klausuren den Schwerpunktthemen Genetik, Stoffwechsel, Zellbiologie, Ökologie und Evolution gewidmet. Weitere Klausuren aus den ebenfalls klausurrelevanten Stoffgebieten Verhaltensbiologie, Neurobiologie, Immunbiologie sowie der Fortpflanzungsbiologie runden die Auswahl ab.
Zu Ihrer Orientierung ist bei jeder Klausur als Richtwert die **Bearbeitungszeit** angegeben. Die **Bewertung und Gewichtung** der einzelnen Aufgaben gibt Ihnen Rückschluss auf den Lösungsumfang der jeweiligen Aufgabe. Hinweise auf deren Anspruch liefert der Einsatz der Operatoren. Um nach der Bearbeitung einer Klausur abschätzen zu können, welcher Note (0–15 Punkte) Ihre Leistung entspricht, orientieren Sie sich an der folgenden Tabelle.

Punkteschlüssel								
Punkte	15	14	13	12	11	10	9	8
Prozent	ab 96 bis 100	ab 91 bis 96	ab 86 bis 91	ab 81 bis 86	ab 76 bis 81	ab 71 bis 76	ab 66 bis 71	ab 61 bis 66
Punkte	7	6	5	4	3	2	1	0
Prozent	ab 56 bis 61	ab 51 bis 56	ab 46 bis 51	ab 41 bis 46	ab 34 bis 41	ab 27 bis 34	ab 20 bis 27	bis 20

Wir sind überzeugt, dass es Ihnen mithilfe dieses Bandes gelingt, Ihre Kenntnisse zu vertiefen und im Umgang mit den Inhalten und Anforderungen der Oberstufe an Sicherheit zu gewinnen.

Viel Erfolg bei Ihrer Vorbereitung wünscht Ihnen
Ihr Autorenteam

Stichwortverzeichnis

Tödliche Sonne – Mondscheinkinder

Punkte

stern

25. Februar 2008

Mondscheinkrankheit

Verdammt zu einem Leben in Dunkelheit?

„Ein leerer Spielplatz in München. Blasses Mondlicht. Die Luft ist noch warm, aufgeheizt von einem heißen Sommertag. Die Schaukeln stehen still. An der Rutsche herrscht kein Gedrängel. … Die Kinder liegen längst in ihren Betten und schlafen. Nur Markus, ein kleiner Junge, tapst noch in der Dunkelheit herum, gluckst und klatscht fröhlich in die Hände. „Sandburg bauen“, ruft er seiner Mama zu. Die Mama nickt und richtet den Schein ihrer Taschenlampe auf den Sandkasten. Es ist kurz vor Mitternacht. Der Tag hat für Mutter und Sohn gerade erst begonnen.“

Diese Szene ist nicht erfunden: Die UV-Strahlen der Sonne würden bei Markus sofort Hautkrebs auslösen. Seine Haut reagiert ungefähr 2 000-mal empfindlicher auf Licht als die Haut gesunder Menschen. Er leidet an der sehr seltenen rezessiv autosomalen „Mondscheinkrankheit“, auch „XP“ (= **X**eroderma **p**igmentosum) genannt. In Deutschland leben derzeit etwa 50 XP-Patienten, weltweit gibt es rund 2 000 Betroffene. Bei den XP-Kranken ist ein Enzym defekt, das bei gesunden Menschen die DNA-Schäden in den Hautzellen repariert, die das UV-Licht der Sonne verursacht. Manche Patienten haben deshalb schon als Kind bis zu 100 Hautoperationen hinter sich. Bei mehr als zwei Dritteln der Betroffenen verläuft die Erkrankung bereits im Kindesalter tödlich.

1

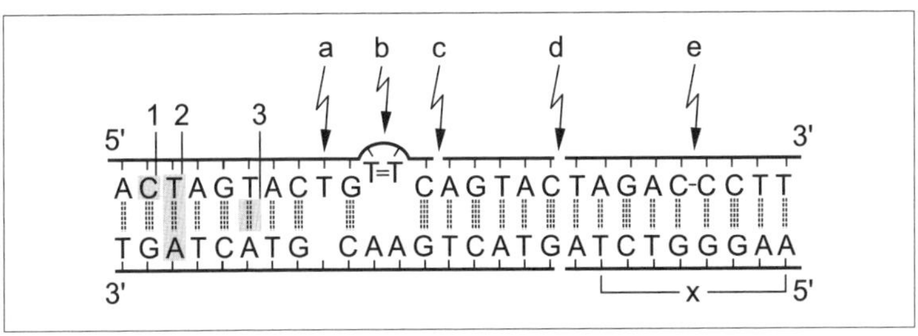

Abb. 1: Schematisierte Darstellung möglicher DNA-Veränderungen infolge UV-Einstrahlung (stark vereinfacht)

1.1 Benennen Sie die grau hinterlegten, mit Ziffern gekennzeichneten Bestandteile des DNA-Doppelstranges in Abb. 1. 2

1.2 Beschreiben Sie die in Abb. 1 mit Pfeilen (Einwirkung von UV-Licht) markierten DNA-Veränderungen a bis e möglichst genau mit Fachbegriffen. 3

1.3 Ermitteln Sie die Folgen des DNA-Defekts im Fall e für die Tochterzellen, indem Sie den DNA-Abschnitt x (Abb. 1) nach zwei Replikationsschritten schematisch skizzieren und die Resultate erläutern. *(Hinweis: Das veränderte C paart sich wie T).* 5

2 Die DNA der Hautzellen ist ständig dem UV-Licht ausgesetzt. Um die entstehenden DNA-Schäden zu reparieren, besitzen die Zellen ein Reparatursystem. Hierbei handelt es sich um einen Komplex aus über 40 Proteinen, der die beschädigten Stellen repariert. Für die Krankheit *Xeroderma pigmentosum* ist meist der Schadensfall b verantwortlich (siehe Abb. 1). Abb. 2 zeigt schematisch, wie das sog. NER-System (= **N**ukleotid-**E**xzisions-**R**eparatursystem) die DNA-Veränderung schrittweise rückgängig macht.

2.1 Beschreiben Sie kurz die Vorgänge a bis f, die in Abb. 2 dargestellt sind, und benennen Sie die hierzu erforderlichen Enzyme E1 bis E3 nach ihrer Funktion. 4

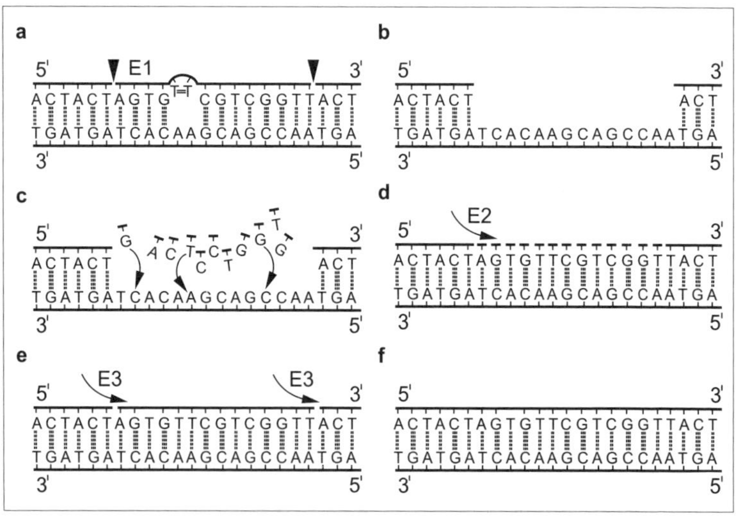

Abb. 2: Schematisierte Abfolge der DNA-Reparatur mittels NER-System (stark vereinfacht)

2.2 Bei XP-Kranken ist dieses NER-System defekt. Deshalb wird als „Notfall"-Reparatur ein Mechanismus ausgelöst, bei dem der veränderte DNA-Abschnitt nicht repariert, sondern komplett herausgeschnitten wird. So kommt es in der Hautzelle durch UV-Strahlen zu einer Anhäufung von DNA-Schäden, die zu Krebs führen können.
Benennen Sie den Mutationstyp, der durch den Notfallmechanismus ausgelöst wird.
Begründen Sie die mögliche Entstehung von Hautkrebs als Folge der „Notfall"-Reparatur. 4

3 Mondscheinkinder können (noch) nicht geheilt werden. Dennoch versucht man, auch ihnen ein Leben bei Tageslicht zu ermöglichen.

3.1 Schlagen Sie eine Maßnahme vor, die es den Kranken erlaubt, auch bei Tag die Wohnung zu verlassen. 2

3.2 Einige Zeit erprobte ein amerikanisches Unternehmen eine neue Behandlung von XP-Patienten mit **Liposomen**. Bei dieser Behandlung wird das fehlende DNA-Reparaturenzym in Liposomen verpackt und als Sonnenmilch-Lotion täglich auf die Haut aufgetragen. Erste Untersuchungen konnten bestätigen, dass die Reparatur UV-induzierter DNA-Schäden tatsächlich verbessert wurde. Dennoch wurden die Tests nicht fortgeführt.
Leiten Sie aus Abb. 3 den chemischen Aufbau sowie den Wirkungsmechanismus der Liposomen ab. 3

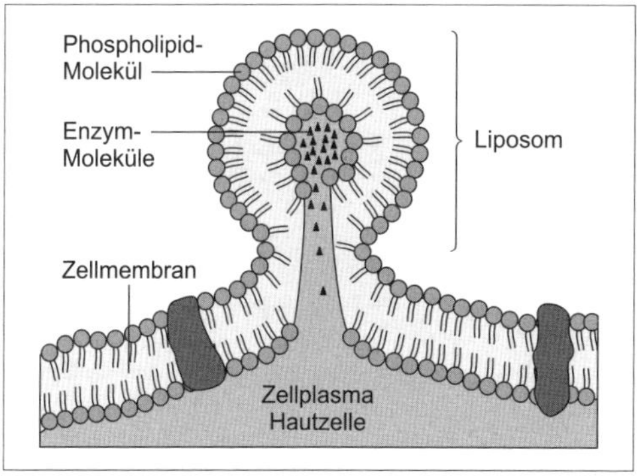

Abb. 3: Bau und Wirkungsweise therapeutisch eingesetzter Liposomen

3.3 Nennen Sie zwei mögliche Nachteile dieser Methode, die den Abbruch der Tests erklären könnten. 2

4 Eine Heilungschance eröffnet sich durch die Gentechnik bzw. die Gentherapie. In naher Zukunft sollen XP-Patienten Hautzellen (z. B. vom Gesäß) entnommen und mit intakten Reparaturgenen versehen werden. Diese sollen dann in Nährlösung vermehrt und nach dem Abhobeln der kranken Hautareale wieder implantiert werden. Dies würde bedeuten, dass die Hautzellen der XP-Patienten das fehlende Reparaturenzym wieder herstellen könnten. Bis jetzt ist diese Form der Therapie jedoch noch ein Wunschtraum.

4.1 Nennen Sie zwei Methoden, Reparaturgene in Hautzellen einzuschleusen. Erläutern Sie ein Verfahren genauer. 4

4.2 Trotz weltweiter Forschungsanstrengungen ist es bis heute nur selten gelungen, eine Erbkrankheit durch Gentherapie zu heilen. Geben Sie dafür zwei Gründe an. 2

4.3 Kritiker bemängeln, dass Hautzellen nur kurze Zeit leben und deshalb die Behandlung ständig wiederholt werden müsste. Schlagen Sie eine begründete Alternative vor. 2

4.4 Begründen Sie unter Verwendung von Fachbegriffen, ob erfolgreich gentherapierte „Mondscheinkinder" ihre Heilung an die eigenen Kinder weitervererben können. 2

35

Lösung

Inhalte: DNA-Struktur, DNA-Replikation, biologische Membranen, Genmutationen, Gentechnologie, Gentherapie

Bei Frage 1 und 2 wird vorausgesetzt, dass Ihnen der schematische Aufbau der DNA, der grundsätzliche Ablauf der semikonservativen Replikation sowie die Mutation als molekulare DNA-Veränderung bekannt sind. Diese Lerninhalte werden jedoch in einem neuen Zusammenhang erfragt.

1.1 1 (organische) Base Cytosin
2 komplementäres Basenpaar A-T
3 Wasserstoffbrückenbindung = H-Brücke (zweifach)

1.2 a Basenverlust: Im unteren Strang ist die Base Adenin verloren gegangen.
b Basendimerisierung: Zwei benachbarte Thyminbasen verbinden sich chemisch (zweifach) untereinander, es bestehen keine H-Brücken mehr zu den beiden Adeninbasen im Komplementärstrang.
c Einzelstrangbruch: Eine chemische Bindung (z. B. zwischen Zucker und Phosphorsäure) im oberen Einzelstrang ist gebrochen.
d Doppelstrangbruch: wie c, aber in beiden Strängen an der gleichen Stelle.
e Benachbarte Cytosinbasen im oberen Strang verbinden sich chemisch (einfach) miteinander, sodass nur noch zweifache H-Brücken zu den Guaninbasen im Komplementärstrang bestehen.

1.3 *Achten Sie bei der schematischen Darstellung der DNA-Struktur darauf, dass durchgezogene Linien echte chemische Bindungen symbolisieren, während gestrichelte Linien die viel schwächeren H-Brücken darstellen sollen.*

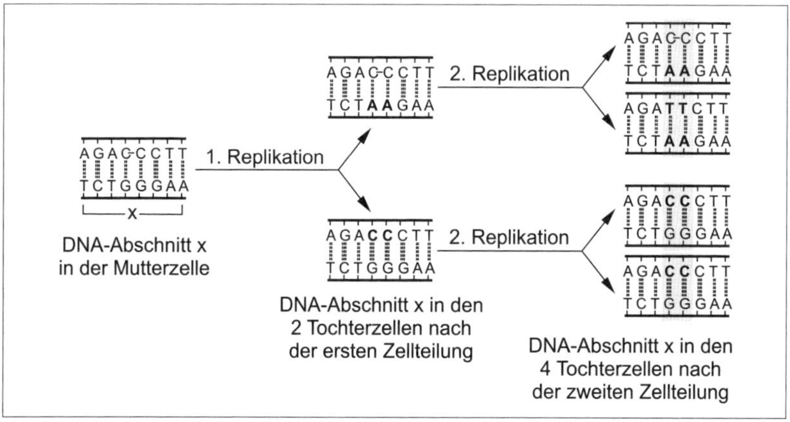

Skizze des DNA-Abschnitts x nach zwei Replikationsschritten

Deutung: Der **untere** Strang (3' → 5') ist durch das UV-Licht nicht verändert worden und ergänzt sich semikonservativ wieder zum Doppelstrang. Der DNA-Abschnitt x entspricht nach der ersten Zellteilung dem Originalstrang vor der Veränderung durch die UV-Strahlung, sodass die DNA in diesen Tochterzellen auch in den nächsten Zellteilungen identisch mit der der Mutterzelle bleibt.
Der **obere** Strang (5' → 3') wurde vom UV-Licht chemisch verändert. Durch die chemische Bindung zwischen den zwei benachbarten Cytosinbasen verhalten sich diese bezüglich der spezifischen Basenpaarung nun wie Thymin. Bei der 1. Replikation wird also statt Guanin jeweils die zu Thymin komplementäre Base Adenin eingebaut. Nach der 2. Replikation ist in beiden Tochterzellen (und allen ihren Nachkommen) ein Basentausch eingetreten: entweder nur in einem, dem unteren Strang oder, im anderen Fall, in beiden Strängen. Somit liegt eine Genmutation (Basenaustauschmutation) von C/G zu T/A vor.

2.1 *Zur Beantwortung dieser Frage müssen Sie erkennen, dass die Stadien b bis f praktisch wie bei der Replikation ablaufen. Daraus lassen sich auch die Namen und die Funktion der Enzyme 2 und 3 erschließen. Die Fachbezeichnung für Enzym 1 ist nicht verlangt.*

a Nach der Erkennung des durch UV-Licht beschädigten Bereichs (Thymindimer) schneidet das Enzym E1 den betroffenen DNA-Einzelstrang vor und hinter dem Dimer durch. Das „Schneideenzym“ E1 wird als **Desoxyribonuklease = DNase** (oder genauer: **Endonuklease**) bezeichnet.
b Diese Sequenz wird entfernt (und abgebaut).
c Freie Nukleotide lagern sich nach dem Prinzip der komplementären Basenpaarung an.
d Durch das Enzym E2 werden diese Nukleotide zu einem Strang verknüpft (5' → 3'). E2 wird als **DNA-Polymerase** bezeichnet.
e Der neue, reparierte DNA-Abschnitt wird durch das Enzym E3 mit dem DNA-Strang verknüpft. E3 wird als **Ligase** bezeichnet.
f Die beschädigte DNA ist wieder im Originalzustand.

Diese „Kurzstrang-Exzisions-Reparaturen“ benötigen nur wenige Minuten. Sie sind beim Menschen die wichtigsten DNA-Reparaturmechanismen. Die entsprechenden Enzyme befinden sich ständig im Kernplasma und kontrollieren die DNA laufend auf neu entstandene Schäden.

2.2 Es liegt eine **Genmutation** durch Basenverlust (**Deletion**) vor. Man spricht von einer Rastermutation, wenn dadurch das Ableseraster im Triplettmodus verschoben wird *(falls die Zahl der verlorenen Basen nicht durch 3 teilbar ist).*
Begründung des Krebsrisikos: Wenn das Reparatursystem bei den XP-Kranken nicht funktioniert, dann erzeugt UV-Licht in allen Hautzellen massenhafte Genmutationen durch die „Notfall“-Reparaturen. Diese werden bei Zellteilungen auch weitergegeben. Die Folgen z. B. der Rastermutationen sind gravierend für

die zufällig betroffenen Gene: Die codierten Proteine werden entweder gar nicht mehr synthetisiert (Entstehung von Abbruchcodonen) oder ihre Raumstruktur ist durch die veränderte Primärstruktur so stark deformiert, dass sie z. B. als Steuerproteine oder Signalstoffe in der Regulierung der Zellteilung ausfallen und so eine unkontrollierte Zellvermehrung nicht mehr verhindern können.

Die Ursache für XP ist eine von den Eltern vererbte Mutation in einem der Gene, die für die zur NER benötigten DNA-Reparaturenzyme codieren.

3.1 Das Tragen von z. B. UV-undurchlässiger Kleidung, UV-Brille, UV-undurchlässiger Folie als Gesichtsschutz, UV-Schutz-Creme (mit hohem Lichtschutzfaktor), Handschuhen o. Ä. kann die Betroffenen schützen.

3.2 *Liposomen müssen aus dem Unterricht nicht bekannt sein. Der aus Abb. 3 ersichtliche gleichartige molekulare Aufbau der Biomembranen sowie der bekannte Vorgang der Membranverschmelzung (Endo-/Exocytose) liefern für die Beantwortung alle notwendigen Informationen.*

Liposomen sind mikroskopisch kleine Hohlkügelchen, die eine wässrige Lösung eines Wirkstoffes umschließen. Die Hülle besteht aus einer Phospholipid-Doppelschicht, die wie die Biomembran eine innere wässrige Phase von der äußeren wässrigen Phase abtrennt. Dies wird dadurch ermöglicht, dass jedes Phospholipid-Molekül einen wasserlöslichen, hydrophilen Molekülteil besitzt, der nach außen bzw. nach innen zur wässrigen Lösung hin orientiert ist, sowie einen nach innen orientierten lipophilen Molekülteil. Wenn die Liposomenhülle mit der Zellmembran der Hautzellen in Kontakt kommt, dann verschmelzen die beiden Doppellipidschichten, und der Inhalt des Liposoms, in diesem Fall die benötigten DNA-Reparaturenzyme, gelangt in das Innere der Zelle.

3.3 Mögliche Nachteile: *(nur zwei Antworten sind verlangt)*
- Hoher Aufwand: Die Behandlung muss täglich (mehrfach) wiederholt werden, da die Enzyme abgebaut werden.
- Geringer Wirkungsgrad: Liposomen sind vielleicht nicht in der Lage, in tiefere Hautschichten vorzudringen, und erreichen nur die Hornschicht.
- Kein Augenschutz bzw. Lippenschutz
- Hohe Kosten: Die Reparaturenzyme müssen aufwendig isoliert/synthetisiert werden.
- Nebenwirkungen: allergische Hautreaktionen

4.1 Methoden, um eine therapeutische DNA in eine Zelle zu transportieren: *(zwei sind verlangt)*
- **Viren als Genvektoren:** Ein modifiziertes Virus bringt die therapeutische DNA-Sequenz in die Zelle.

- **Mikroinjektion:** Die DNA wird mit einer feinen Glasnadel in den Kern gespritzt.
- **Elektroporation:** Kurze elektrische Impulse auf Zellen in DNA-haltiger Lösung führen zur Bildung von Poren in der Zellmembran, die den Eintritt der DNA in die Zelle ermöglichen.
- **Lipofektion:** Die DNA wird in Liposomen verpackt, die mit der Zellmembran verschmelzen.
- **„Schrotschussmethode"** ***(Gene gun)*****:** Die Oberfläche von Wolfram- oder Goldpartikeln wird mit einer dünnen DNA-Schicht umgeben. Diese Kügelchen werden mit hohem Druck in die Zellen geschossen.

Erläuterung der Vektor-Methode:
Bestimmte Viren als „Genfähren" werden am häufigsten in der Gentherapie eingesetzt. Viren als Zellparasiten sind darauf spezialisiert, ihr Erbgut zielgenau in eine Empfängerzelle einzuschleusen und zu aktivieren. Um ein Virus als Genfähre benutzen zu können, muss es zunächst modifiziert werden:
- Alle Gene, die für den Menschen schädlich sein könnten, werden entfernt. Nur die Gene, die dafür sorgen, dass das Virus das gewünschte Genmaterial in die Zelle bringen kann, bleiben erhalten.
- Die therapeutische DNA-Sequenz wird in das Virusgenom eingebaut.

Die Viren werden entweder „in vivo" direkt dem Menschen injiziert (oder inhaliert) und „infizieren" die Empfängerzellen, oder die Empfängerzellen werden „ex vivo" in einer Zuchtschale außerhalb des Körpers mit den Viren in Kontakt gebracht, bevor sie wieder in den Körper eingeschleust werden.
(Zudem ist darauf zu achten, dass das „Gentransfer-Virus" nicht vom Immunsystem des Patienten erkannt und eliminiert wird.)

4.2 Gründe für das Fehlschlagen einer Gentherapie: *(zwei Angaben sind verlangt)*
- Allergische Reaktionen gegen Vektoren
- Schwierigkeiten, die therapeutische DNA zu den richtigen Zellen in der richtigen Dosierung zu bringen
- Probleme bei der Aktivierung der eingeschleusten Gene
- Zelleigene DNA-Reparatursysteme zerstören die eingeschleuste DNA.
- Reparierte Zellen haben oft nur eine kurze Lebensdauer.
- Krebsrisiko durch Fremd-DNA

4.3 Man benötigt **Stammzellen** aus der Keimschicht der Haut. Diese werden aus der Haut isoliert oder aus embryonalen Zellen gezüchtet. Nach Einschleusung der Reparaturgene erfolgt die Implantation der Zellen in die Wachstumsschicht der Haut.

4.4 Durch die **somatische Gentherapie** werden nur Körperzellen repariert. Die Keimzellen werden nicht therapiert (= **Keimbahntherapie**). Das Risiko der Vererbung an die Kinder bleibt also erhalten.

Klausuren Biologie
Klausur 2: Genetik (Bearbeitungszeit: 90 min)

Replikation und Codierungsprinzip der genetischen Information Punkte

1 Abb. 1 zeigt ein einfaches DNA-Modell, das aus ineinandergesteckten Röhrcn, Holzwürfeln und perlen erstellt wurde.

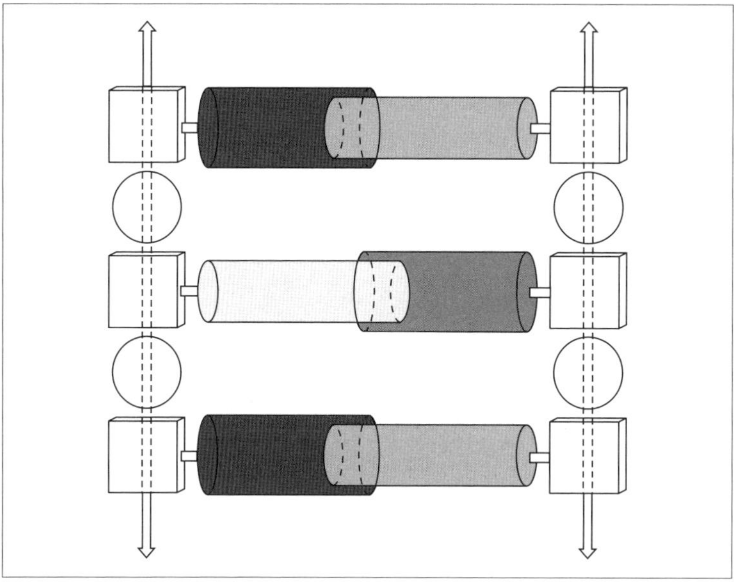

Abb. 1: Modell zur DNA-Struktur

1.1 Stellen Sie die einzelnen Modellteile ihren Entsprechungen im realen DNA-Molekül in Tabellenform gegenüber und ergänzen Sie das Modell so, dass die Antiparallelität der DNA-Stränge deutlich wird (mit Begründung). 8

1.2 Ermitteln Sie Stärken und Schwächen des Modells, indem Sie prüfen, ob grundlegende Eigenschaften des realen DNA-Moleküls und des Replikationsvorgangs veranschaulicht werden können. Nennen Sie jeweils drei Aspekte. 12

1.3 Erläutern Sie ausführlich die Replikation der DNA anhand des Modells unter Nennung der beteiligten Enzyme. 8

2 Für ein Experiment steht folgendes Versuchsmaterial zur Verfügung: eine Kultur von *Escherichia coli*, Nährmedium, radioaktiv markiertes Thymin, apparative Voraussetzungen zur Erstellung eines Autoradiogramms.

2.1 Beschreiben Sie den experimentellen Ablauf, der zur Aufklärung der Ringstruktur der *E.-coli*-DNA geführt hat. 6

2.2 Entwickeln und beschreiben Sie auf der Basis der zur Verfügung stehenden Versuchsmaterialien ein Experiment, das die semikonservative Replikationstechnik der DNA belegt. Stellen Sie das Versuchsergebnis in einer einfachen, beschrifteten Zeichnung der Bakterien-DNA dar. 8

3 In Abb. 2 ist die Proteinbiosynthese in stark vereinfachter Form dargestellt.

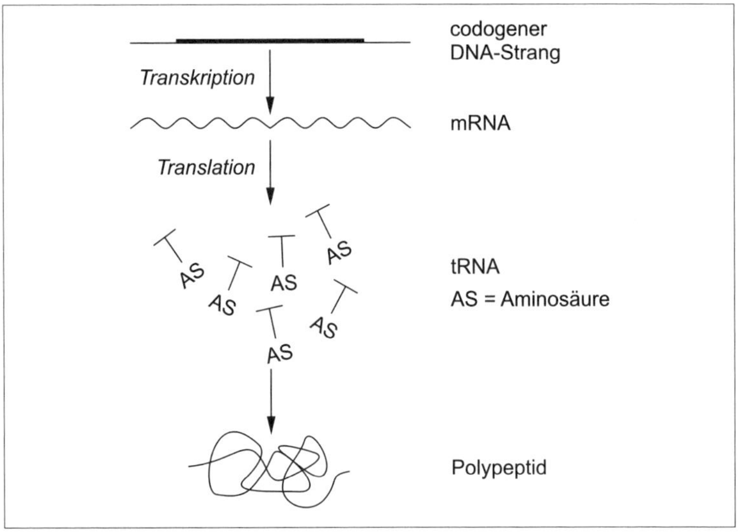

Abb. 2: Schema der Proteinbiosynthese

Fertigen Sie unter Verwendung der entsprechenden Fachausdrücke ein stichwortartiges Flussdiagramm an, das die Teilschritte der Proteinbiosynthese bei Prokaryoten wiedergibt. 8

50

Lösung

Inhalte: Bau und semikonservative Replikation der DNA, genetischer Code, Proteinbiosynthese, Modellkritik, Autoradiografie

1.1

Modellteil	Reale DNA-Bausteine
– in unterschiedlichen Graustufen gekennzeichnete Röhren	– Adenin + Thymin, Cytosin + Guanin
– eckige Holzperle	– Desoxyribosemolekül
– runde Holzperle	– Phosphatrest
– Schnur	– Chemische Bindungen im Zucker-Phosphat-Band

Ergänzung: An den linken Strang wird oben links und an den rechten unten rechts jeweils eine runde Holzperle (Phosphatrest) angefügt oder umgekehrt. Die Antiparallelität ist dadurch gekennzeichnet, dass einer der beiden Stränge mit einem Phosphatrest (5'-Ende) beginnt und mit einem Desoxyribosemolekül (3'-Ende) endet. Der gegenüberliegende Strang beginnt mit einem Desoxyribosemolekül (3'-Ende) und endet mit einem Phosphatrest (5'-Ende).

1.2 Auswahl an Stärken und Schwächen des Modells:

Stärken des Modells	Schwächen des Modells
– Paarung komplementärer Basen – Antiparallelität der Einzelstränge – Phosphatrest ohne Kontakt zur Base – semikonservativer Replikationsmechanismus	– Form der „Basen" bedingt nicht die farblich vorgegebene Paarung – komplementäre Basen im realen Molekül nicht ineinandergeschoben – zwei bzw. drei Wasserstoffbrücken als Bedingung der Paarbildung fehlen – Zucker-Phosphat-Band im realen Molekül nicht auf ein Band aufgebracht – räumliche Bindung des Desoxyribosemoleküls an Phosphatrest nicht korrekt – Windung der Doppelhelix nicht darstellbar – Desoxyribosemolekül und Phosphatrest haben willkürlich gewählte Formen – chemische Wechselwirkungen fehlen – keine Enzymwirkungen (Helicase, DNA-Polymerase) veranschaulicht – keine Differenzierung in Leit- und Folgestrang – keine Unterscheidung der kontinuierlichen von der diskontinuierlichen Replikation

1.3 Das Enzym **Helicase** spaltet den zuvor entwundenen DNA-Doppelstrang an den Wasserstoffbrücken. An dem vom 3'- zum 5'-Ende verlaufenden Strang (Leitstrang) erfolgt die Replikation kontinuierlich. Dabei werden komplementäre, in der Zelle vorrätige Nukleotide vom 3'-Ende her an den Strang angeknüpft und durch die **DNA-Polymerase** mit diesem zu einem neuen Doppelstrang verbunden. Das erste Nukleotid wird dabei mithilfe eines RNA-Primers als Startermolekül gebunden. Der neu synthetisierte Strang hat eine Laufrichtung vom 5'- zum 3'-Ende. Da der dem Leitstrang gegenüberliegende Strang (Folgestrang) vom 5'- zum 3'-Ende verläuft, kann hier keine kontinuierliche Synthese erfolgen. Die DNA-Polymerase sucht daher gegen die Spaltungsrichtung 3'-Enden auf. Dort werden kurze, vom 5'- zum 3'-Ende verlaufende DNA-Sequenzen von 100 bis 200 Nukleotiden (OKAZAKI-Fragmente) angeknüpft. Hier wird pro OKAZAKI-Fragment jeweils ein RNA-Primer als Startermolekül benötigt. Da die Primer später sukzessive abgebaut werden, entstehen Lücken zwischen den DNA-Abschnitten. Diese werden durch freie Nukleotide enzymatisch durch eine weitere **DNA-**Polymerase aufgefüllt. Das Enzym **DNA-Ligase** verknüpft schließlich alle Teilstücke zu einem vollständigen Strang.

2.1 Dem Nährmedium von *E. coli* wird radioaktiv markiertes Thymin zugesetzt. Nach einigen bakteriellen Teilungszyklen wird die DNA isoliert. Anschließend trägt man die DNA auf eine Trägersubstanz auf und bedeckt sie mit speziell beschichtetem Fotopapier. Unter Lichtausschluss bewirkt die radioaktive Strahlung der Thyminmoleküle, dass im Fotopapier an denjenigen Stellen Silbermoleküle ausfallen, an denen das Thymin „strahlt“. Die so erzeugte Schwarzfärbung wird unter einem Elektronenmikroskop als Ringstruktur sichtbar.

2.2 Man lässt erneut eine Kolonie von *E. coli* auf einem Nährmedium mit radioaktiv markiertem Thymin wachsen (und erstellt ein Autoradiogramm). Nach mehreren Zellzyklen überführt man die Bakterien in ein Medium mit „normalem“ Thymin. Nach einer weiteren Zellteilung wird die DNA isoliert und autoradiografisch dargestellt. Es zeigt sich, dass sich an der zu replizierenden Stelle die DNA blasenförmig geöffnet hat und dass der neu synthetisierte Doppelstrang nur zur Hälfte radioaktiv markiertes Thymin aufweist (siehe Skizze). Der Versuch zeigt, dass jeder Strang der Doppelhelix als Muster für den neu synthetisierten Strang dient und somit eine semikonservative Replikation vorliegt.

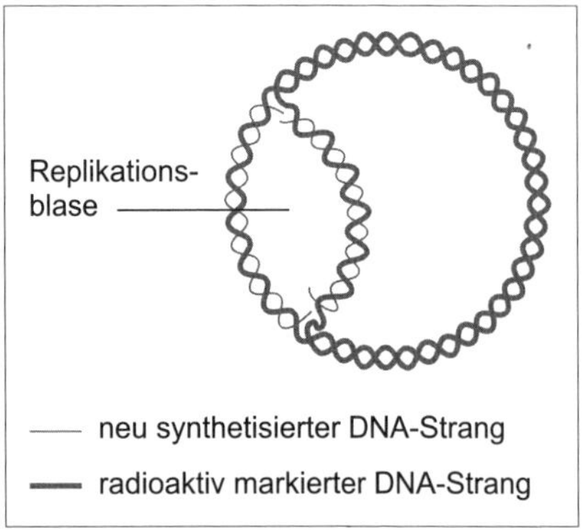

3 Ablesen des codogenen Stranges durch RNA-Polymerase

⇩

Anlagerung komplementärer RNA-Nukleotide
(= Codone mit Uracil anstatt Thymin) an die Codogene

⇩

Start-Codon = AUG, Ende der mRNA durch Stopp-Codon gekennzeichnet

⇩

durch RNA-Polymerase Verknüpfung zur mRNA

⇩

über der mRNA Zusammenbau der Ribosomen aus der großen
und kleinen Untereinheit

⇩

Beladen der tRNA-Moleküle mit ihrer jeweils spezifischen Aminosäure

⇩

Wanderung des Ribosoms entlang der mRNA zum ersten Start-Codon

⇩

Anlagerung des Anticodons UAC (Aminosäure Methionin) an das Start-Codon

⇩

Wanderung von AUG an die Austrittsstelle des Ribosoms (E-Stelle)

⇩

Eintritt des zweiten Codons an die Erkennungsstelle (A-Stelle)

⇩

Anlagerung des dazu komplementären tRNA-Moleküls

⇩

Verknüpfung der neuen Aminosäure mit Methionin an der P-Stelle des Ribosoms

⇩

Vorgänge wiederholen sich bis zum Stopp-Codon

⇩

jeweils Anlagerung der neu
hinzugekommenen Aminosäure an die bereits gebildete Polypeptidkette

⇩

zum Schluss Ablösung des fertigen Polypeptids

Klausuren Biologie
Klausur 3: Genetik (Bearbeitungszeit: 75 min)

Albinismus – eine Farbstoffstörung Punkte

Unter Albinismus werden mehrere, mit einer Häufigkeit von 1 : 10 000 eher seltene angeborene Störungen in der Biosynthese rötlicher, brauner oder schwarzer Pigmente, der Melanine, zusammengefasst. Aufgrund der fehlenden Pigmente besitzen betroffene Personen eine deutlich hellere Haut-, Haar- und Augenfarbe. Die weltweit häufigste Form des Albinismus, der Okulokutane Albinismus Typ 2 (OCA 2), entsteht durch eine Mutation im P-Gen auf dem langen Arm des Chromosoms 15.

1 Träger der Erbinformation des Chromosoms 15 ist das in allen Lebewesen vorkommende Makromolekül Desoxyribonukleinsäure (DNS oder DNA).

1.1 Erstellen Sie eine beschriftete Schemazeichnung, die einen charakteristischen Ausschnitt des genannten Makromoleküls mit seinen Hauptbestandteilen zeigt. 3

1.2 Erläutern Sie den räumlichen Bau der Desoxyribonukleinsäure. 3

2 Die Erbinformation des P-Gens wird durch die Proteinbiosynthese exprimiert.

2.1 Überprüfen Sie, ob die folgenden Aussagen zur Transkription richtig (R) oder falsch (F) sind, und stellen Sie diese gegebenenfalls richtig. 6

Aussage	R/F	Richtigstellung
Als Transkription bezeichnet man das Abkopieren der Aminosäuresequenz auf eine rRNA.		
Bei der Transkription spielt das Enzym Transkriptase (= DNA-Polymerase) eine wichtige Rolle.		
Die Transkriptase setzt am Anfang des Gens (= Promotorregion) an und öffnet den Doppelstrang der DNA.		
Abgelesen wird jedoch nur der codogene Strang, und zwar vom 5'-Ende in Richtung 3'-Ende.		
Die gebildete Boten-RNA verlässt den Zellkern.		

Tab. 1: Aussagen zur Transkription

2.2 Veranschaulichen Sie die Translation durch eine beschriftete schematische Skizze. 5

3 Das folgende Strukturschema (Abb. 1) zeigt anhand einer kurzen Basensequenz drei verschiedene Typen von Genmutationen, die das für die Biosynthese der Melanine wichtige Enzym Tyrosinase betreffen können.

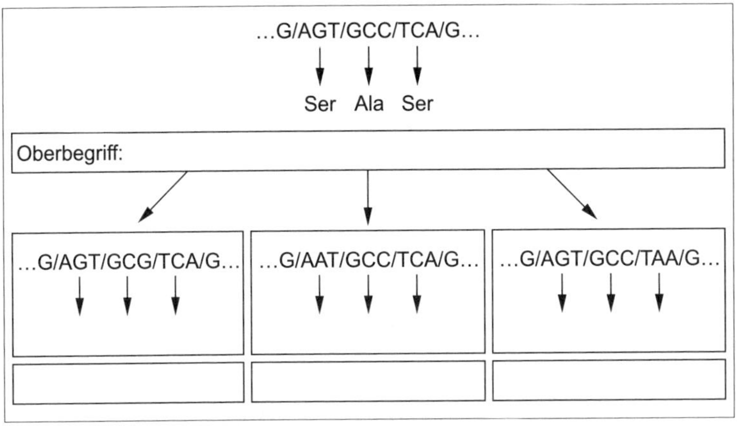

Abb. 1: Strukturschema zu möglichen Genmutationen

3.1 Geben Sie an, ob es sich bei der DNA-Basensequenz in Abb. 1 um die Informationen des Codestranges oder des codogenen Stranges handelt, und beschriften Sie die Strangorientierung der Basensequenz. 3

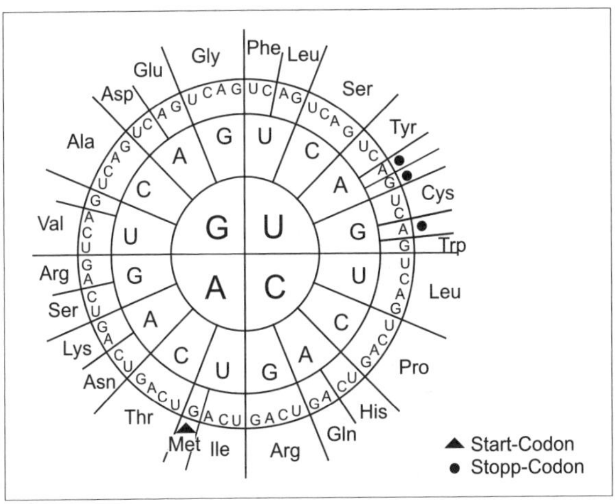

Abb. 2: Genetische Code-Sonne

3.2 Ermitteln Sie die durch Mutationen veränderten Aminosäuresequenzen mithilfe von Abb. 2 und tragen Sie sie unterhalb der Pfeile in Abb. 1 ein. Nennen Sie den Fachbegriff für jede Genmutation (Textfelder unten) und geben Sie den Oberbegriff für diese drei Mutationstypen an (Textfeld oben). 4

3.3 Beurteilen Sie die Auswirkungen jeder dieser drei verschiedenen Genmutationen auf Struktur und Funktion des codierten Proteins. 5

4 Im folgenden Stammbaum (Abb. 3) ist das Vorkommen der Erbkrankheit OCA 2-Albinismus schwarz gekennzeichnet. Zugleich tritt in dieser Familie auch immer wieder das Prader-Willi-Syndrom (PWS) auf, eine Erkrankung, die aufgrund einer Fehlfunktion des Zwischenhirns mit unterschiedlichen körperlichen, kognitiven und stoffwechselbezogenen Symptomen einhergeht.

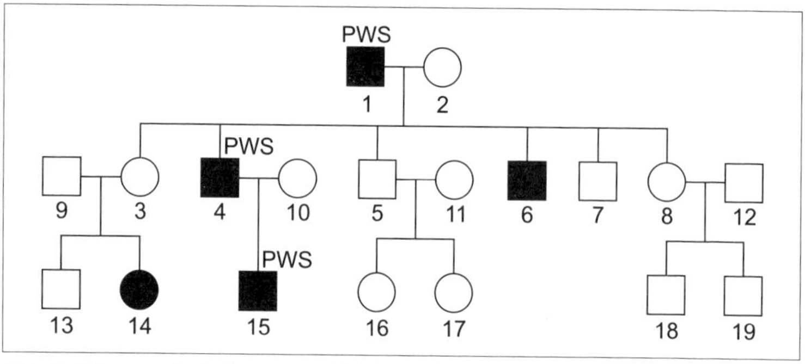

Abb. 3: Erbgang mit Auftreten von Albinismus (schwarz) und PWS

4.1 Leiten Sie unter Bezugnahme auf gegebene Informationen ab, welcher Erbgang beim Albinismus vorliegt. 6

4.2 Geben Sie die Genotypen des Merkmals Albinismus für die Personen 1, 2, 6, 8 und 12 aus Abb. 3 an. 3

4.3 Stellen Sie eine begründete Hypothese für das gleichzeitige Auftreten des Prader-Willi-Syndroms (PWS) bei den Personen 1, 4 und 15 aus Abb. 3 auf. 4

5 Eine Methode, um das bei OCA 2 durch eine Mutation veränderte P-Gen auf dem langen Arm des Chromosoms 15 sichtbar zu machen, ist der Einsatz von Gensonden. Dazu wird beispielsweise aus Zellen der Mundschleimhaut zunächst DNA isoliert und der entsprechende Genabschnitt mithilfe der Polymerase-Kettenreaktion (PCR) vervielfältigt, um die Basensequenzen anschließend auswerten zu können.

5.1 Beschriften Sie das folgende Ablaufschema der PCR-Methode (a bis f in Abb. 4) und erläutern Sie dieses Verfahren anhand der Abbildung. 8

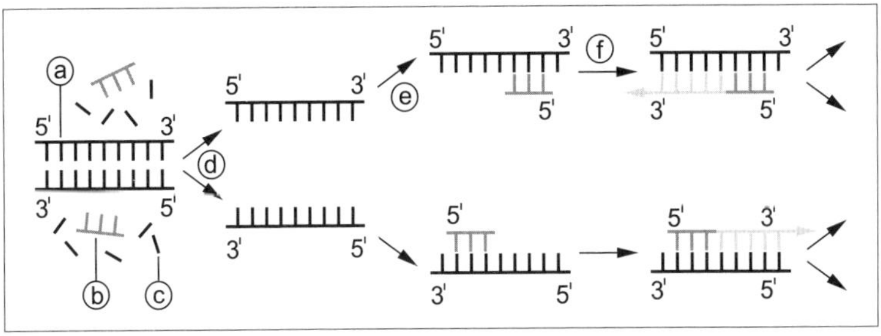

Abb. 4: Schematischer Ablauf der PCR-Methode

5.2 Beschreiben Sie die nun folgenden grundlegenden Arbeitsschritte zur Genidentifizierung mit Gensonden. 6

56

Lösung

Inhalte: Bau der DNA, Transkription und Translation, Genmutationen und deren Auswirkungen auf den Proteinbau, Stammbaumanalyse, PCR und Genidentifizierung durch Gensonden

1.1

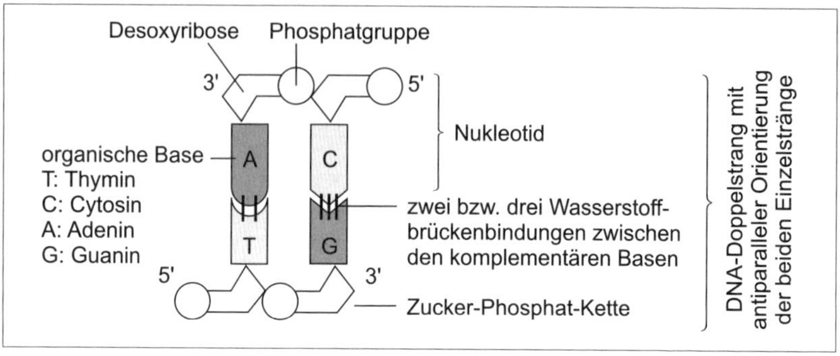

1.2 Die Abfolge der vier verschiedenen Nukleotide bildet durch Verknüpfung über das Phosphat-Desoxyribose-Rückgrat die **Primärstruktur** der DNA. Die DNA liegt aber als **Doppelstrang** vor, indem jeweils zwei Polynukleotidfäden antiparallel aneinander angelagert sind. Je zwei Basen sind dabei über Wasserstoffbrücken miteinander verbunden: A=T und C≡G (= komplementäre Basenpaarung). Der Doppelstrang wiederum ist um eine gedachte Achse schraubenförmig gewunden und bildet eine **Doppelhelix**.

2.1

Aussage	R/F	Richtigstellung
Als Transkription bezeichnet man das Abkopieren der ~~Aminosäuresequenz~~ auf eine ~~rRNA~~.	*F*	*Basensequenz* *mRNA*
Bei der Transkription spielt das Enzym Transkriptase (= ~~DNA~~-Polymerase) eine wichtige Rolle.	*F*	*RNA-Polymerase*
Die Transkriptase setzt am Anfang des Gens (= Promotorregion) an und öffnet den Doppelstrang der DNA.	*R*	
Abgelesen wird jedoch nur der codogene Strang, und zwar vom ~~5'-Ende in Richtung 3'-Ende~~.	*F*	*vom 3'- zum 5'-Ende*
Die gebildete Boten-RNA verlässt den Zellkern.	*R*	

2.2

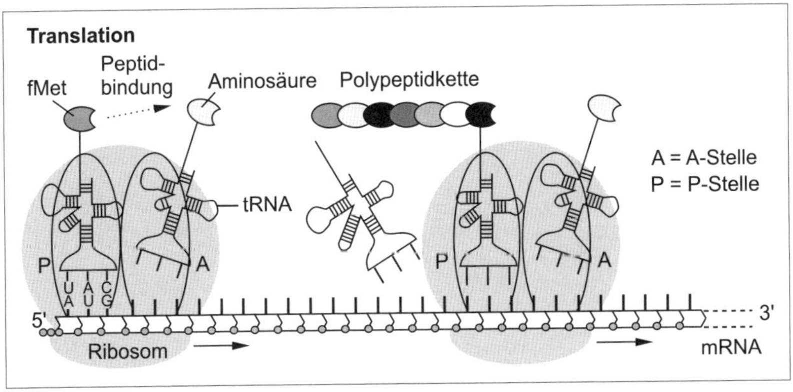

3.1
3.2

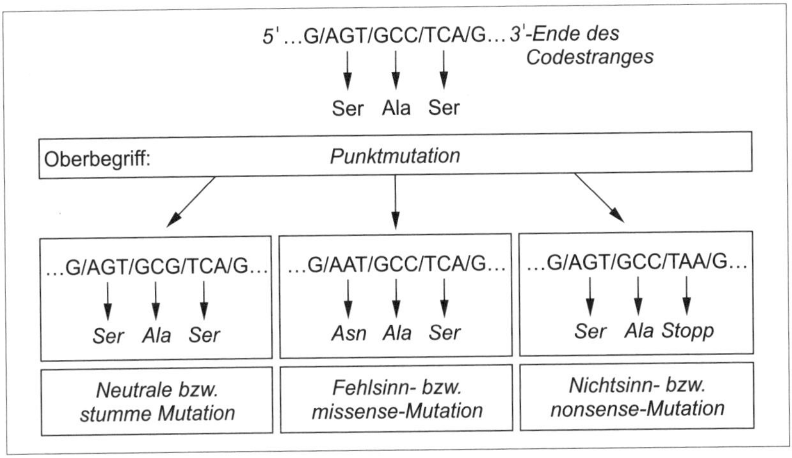

Je nach Besprechung im Unterricht sind für den Codestrang auch die Bezeichnungen codierender Strang, nicht codogener Strang oder Sinn-Strang möglich.

3.3 Die **stumme** Mutation hat keine Auswirkungen auf Proteinstruktur und -funktion, da das mutierte Triplett für die gleiche Aminosäure codiert.
Die **missense-**Mutation führt zu einer veränderten Primärstruktur (= Aminosäuresequenz), da das Triplett für eine andere Aminosäure codiert. Dadurch veränderte Sekundär- und Tertiärstrukturen können die Funktion des Proteins beeinträchtigen oder bedingen evtl. ein anderes Protein mit anderer Funktion.
Die **nonsense-**Mutation führt zu einem Abbruch der Translation, da das Triplett nun als Stopp-Codon fungiert. Das verkürzte Protein ist vermutlich funktionslos.

4.1 Im Vortext ist die Information enthalten, dass der Albinismus-Typ auf Chromosom 15 vererbt wird. Es handelt sich also um einen **autosomalen** Erbgang. Die Krankheit wird **rezessiv** vererbt, da die phänotypisch gesunden Eltern 3 und 9 eine kranke Tochter 14 haben.

4.2 1 aa
2 Aa
6 aa
8 Aa
12 AA/Aa

4.3 Das Prader-Willi-Syndrom ist ebenfalls eine Erkrankung, die durch das Chromosom 15 vererbt wird. Spontanmutationen bei Personen 1, 4 und 15 sind aufgrund des gehäuften Auftretens auszuschließen.
Dazu gibt es zwei mögliche Erklärungen: *(nur eine davon ist verlangt)*

- PWS und OCA 2 werden gekoppelt vererbt, da die Genorte nah beieinanderliegen. Bei Person 6 müsste es in diesem Fall zu einer Entkoppelung durch ein Crossing-over in der Prophase 1 der 1. Reifeteilung der Meiose gekommen sein, da Person 6 nur noch von Albinismus betroffen ist.
- PWS und OCA 2 entstehen, da der Abschnitt des Chromosoms 15 fehlt, der die Gene für die jeweiligen Genprodukte enthält. Es liegt also eine sogenannte Deletion vor.

5.1 Beschriftung des Ablaufschemas der PCR:
a DNA-Doppelstrang
b Primer
c Nukleotid
d Erhitzen (Denaturieren)
e Abkühlen
f Synthese

Beschreibung der PCR:
- Die Lösung wird zunächst erhitzt, damit sich die Doppelstränge durch Auflösung der Wasserstoffbrückenbindungen voneinander trennen (Denaturierung).
- Nach Abkühlung der Lösung binden die Primer über Wasserstoffbrückenbindungen an die zu vervielfältigende DNA (Hybridisierung).
- Die DNA-Polymerase verlängert die Primer durch Anhängen von Nukleotiden. Die Originalstränge dienen hierbei als Matrizen.
- Die zu vermehrende DNA wird in den darauffolgenden Zyklen vervielfacht (Amplifikation).

5.2 Um ein bestimmtes Gen im Genom eines Organismus ausfindig machen zu können, muss die Basensequenz des gesuchten Gens bekannt sein. Zunächst stellt man kurze DNA- (oder RNA-)Abschnitte her, die zu DNA-Sequenzen innerhalb der gesuchten Gene **komplementär** sein müssen, damit sie mit diesen hybridisieren können. Diese kurzen Abschnitte werden radioaktiv oder mit fluoreszierenden Molekülen **markiert** und als **Gensonden** bezeichnet.

Die komplementäre Basenpaarung durch Ausbildung von Wasserstoffbrückenbindungen gelingt jedoch nur, wenn sowohl die Gensonde als auch das Gen als DNA-**Einzelstränge** vorliegen. Vor der Hybridisierung mit den Gensonden werden die DNA-Stränge auf eine feste Trägermembran übertragen und durch Hitzebehandlung denaturiert.

Durch die **Autoradiografie** oder die Fluoreszenzmikroskopie können die Hybridisierungsstellen und somit die gesuchten Gene sichtbar gemacht werden.

„Im-Nacken-Packen“ – die Paarung beim Europäischen Iltis

Punkte

Der meist nachtaktive Europäische Iltis oder Waldiltis *(Mustela putoris)* ist in Deutschland der am häufigsten vorkommende einheimische Marder. Er lebt mit Vorliebe an offenen Waldrändern, wo er Bereiche mit Deckungsmöglichkeit bevorzugt. Sein Siedlungsraum erstreckt sich bis in die Nähe des Menschen.

Während der Paarungszeit, der Ranz, die von März bis Juni währt, verfolgt der Rüde die Fähe. Ist das Weibchen paarungsbereit, kann der männliche Iltis sein Weibchen im Nackenfell festhalten. Durch diesen Nackenbiss kommt es zur „Tragschlaffe“, einem fast bewegungslosen Zustand, bei dem die Muskulatur erschlafft ist. Das Weibchen wird dadurch immobilisiert und lässt sich begatten.

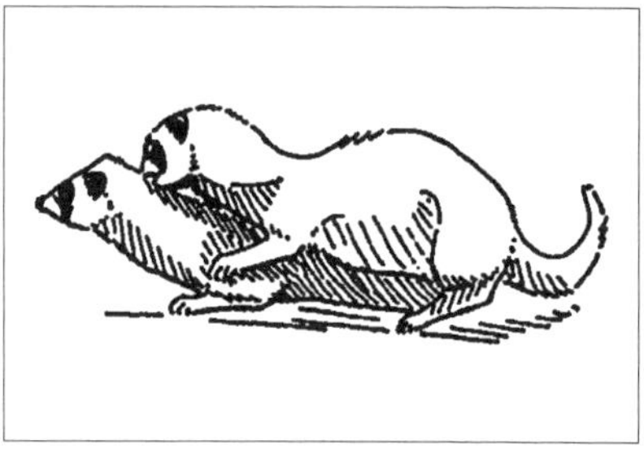

Abb. 1: Nackenbiss des Iltis-Rüden

Nach ca. sechswöchiger Tragzeit werden die bis zur vierten Lebenswoche blinden Jungen geboren. Die Mutter säugt sie bis zu fünf Wochen, obwohl die Jungtiere bereits nach drei Wochen festen Fraß zu sich nehmen, den das Alttier herbeischafft. Mit Ende des dritten Lebensmonats sind die jungen Iltisse selbstständig. Verlassen die Jungtiere den Bau, werden sie von der Mutter mit dem Nackenbiss gepackt und zurück ins Nest gebracht. Mit fünf Monaten sind die Tiere ausgewachsen und mit neun Monaten geschlechtsreif. Die Jungen bleiben mit der Mutter im Geheck, in der Familie ohne den Rüden, zusammen. Während dieser Zeit balgen die Jungtiere spielerisch miteinander, wobei sie auch den Nackenbiss ausführen, der beim Geschwister zur „Tragschlaffe“ führt. Erst im späten Herbst löst sich der Familienverband auf.

In Experimenten, bei denen Iltis-Rüden isoliert von ihren Artgenossen aufgezogen wurden, untersuchten Wissenschaftler das Verhalten dieser Tiere während der Paarung. Die Versuche erbrachten die folgenden Ergebnisse:

- Isoliert von Hand aufgezogene Iltis-Rüden versuchten bei der Paarung, Weibchen auch an solchen Stellen zu ergreifen, die keine „Tragschlaffe“ auslösen. Sie wurden daraufhin von den Weibchen abgewehrt. Erst allmählich erkannten die Rüden, wie ein Weibchen immobilisiert werden kann.
- Hatten junge Rüden die Möglichkeit, bis zum zweiten Lebensmonat mit ihren Geschwistern aufzuwachsen, und wurden erst im Anschluss daran von ihren Artgenossen getrennt, so konnten sie die Fähen stets richtig fassen.

In beiden Versuchsgruppen wurde die Verhaltensweise des „Im-Nacken-Packens“ identisch ausgeführt.

1 Charakterisieren und erläutern Sie die experimentelle Vorgehensweise bei den beiden Versuchsgruppen der Iltis-Rüden. 5

2 Analysieren und deuten Sie die Versuchsergebnisse und setzen sie diese zum natürlichen Umfeld der Tiere in Beziehung. 6

3 In der Verhaltensbiologie spricht man von Kaspar-Hauser-Tieren erster und zweiter Ordnung. Erläutern Sie anhand dieses Beispiels, was damit gemeint sein könnte, und versuchen Sie anschließend, beide Begriffe zu definieren.
Üben Sie konstruktive Kritik an der Vorgehensweise mittels Kaspar-Hauser-Versuchen. Überlegen Sie auch, welche ethischen Probleme sich dabei ergeben können. 6

4 Nehmen Sie Stellung zu der Aussage, dass es sinnvoll ist, stets Kaspar-Hauser-Tiere zweiter Ordnung für verhaltensbiologische Experimente heranzuziehen. 3

20

Lösung

Inhalte: Kaspar-Hauser-Versuche, Aufzucht unter variablem Erfahrungsentzug, Paarungsverhalten, angeborenes Verhalten, Instinkthandlung

1 *Beachten Sie, dass im Arbeitsmaterial und der Fragestellung spezifische Fachbegriffe nicht erwähnt sind. Ihre Nennung und Erläuterung wird aber durch die Formulierung der Fragestellung explizit von Ihnen erwartet.*

Die Iltis-Männchen, deren Paarungsverhalten von den Wissenschaftlern untersucht wurde, waren sogenannte Kaspar-Hauser-Tiere. Bei Kaspar-Hauser-Versuchen handelt es sich um eine spezielle Art der experimentellen Vorgehensweise. Die Tiere werden dabei unter **Erfahrungsentzug** aufgezogen. Ziel derartiger Versuche ist es herauszufinden, ob ein spezifisches Verhalten angeboren ist oder auf einem Lernvorgang beruht.
In der Konzeption der Experimente unterscheiden sich die Bedingungen für die Tiere beider Versuchsgruppen beträchtlich. Während die Tiere der ersten Gruppe vollkommen isoliert von ihren Artgenossen aufgezogen wurden, hatten die jungen Iltis-Rüden der zweiten Gruppe Gelegenheit, bis zum zweiten Lebensmonat mit ihren Geschwistern zu spielen. Damit herrschte für die jungen Iltisse der ersten Gruppe ein vollkommener Erfahrungsentzug vor, während die Versuchstiere der zweiten Gruppe noch für einen gewissen Zeitraum in der Gruppe Erfahrungen sammeln konnten (partieller Erfahrungsentzug).

2 Die in den beiden Gruppen erzielten Versuchsergebnisse geben über die Herkunft einzelner Komponenten im Paarungsverhalten des Iltisses Aufschluss. Es ist klar ersichtlich, dass die Verhaltensweise „Im-Nacken-Packen“ von allen Versuchstieren in gleicher Weise ausgeführt wird. Die Art der Aufzucht – ob vollkommen oder nur zeitweise von Artgenossen isoliert – spielt demnach bei dieser spezifischen Verhaltensweise keine Rolle. Daraus kann zweifelsfrei geschlossen werden, dass es sich beim Nackenbiss um eine **angeborene Verhaltensweise** handelt.
Demgegenüber ist das Zupacken des männlichen Iltisses an der richtigen Körperstelle des Weibchens nicht angeboren. Dies zeigen die Ergebnisse des ersten Versuchs deutlich. Die richtige Stelle für den Immobilisierungsbiss zu finden, muss demnach von den Jungtieren erlernt werden. Der zweite Versuch, genau genommen dessen Versuchsbedingungen, liefern hierfür den entscheidenden Hinweis. Die Jungtiere hatten über die ersten zwei Monate ihres Lebens hinweg die Möglichkeit, im Geheck – d. h. in ihrem natürlichen Umfeld – zu verbleiben. Während dieser Zeit hatten die jungen Iltis-Rüden im Spiel mit den Geschwistern und durch das Verhalten der Mutter, „Ausreißer“ wieder einzufangen, die Möglichkeit, die „Tragschlaffe“ und deren Ausübung kennenzulernen.
Beide Versuchsergebnisse verdeutlichen darüber hinaus, welche Bedeutung der Familienverband und damit das natürliche Umfeld für die Entwicklung von

Jungtieren haben. Durch das Spielen und Herumbalgen der Jungtiere untereinander oder mit den Eltern werden soziale Kompetenzen aufgebaut und existenzielle Verhaltensweisen vermittelt und erlernt.

3 *Als Ausgangspunkt sollten Sie sich den Unterschied zwischen beiden Versuchsanordnungen klar vor Augen führen – Artkontakt ja oder nein. Fallen Ihnen dabei Schwächen in der jeweils erforderlichen Versuchsdurchführung auf, sollten Sie diese benennen.*

Die Tiere aus den vorliegenden beiden Experimenten können verschiedenen Ordnungen von Kaspar-Hauser-Tieren zugeteilt werden. Generell werden Kaspar-Hauser-Versuche durchgeführt, indem Tiere unter weitgehendem Erfahrungsentzug bei sozialer Isolation aufgezogen werden. Dies sind Kaspar-Hauser-Tiere **erster** Ordnung, wie sie die Rüden im Versuch 1 repräsentieren. Ihnen wurden sämtliche Erfahrungen vorenthalten, die ein junger Iltis in den ersten Lebensmonaten bis zu seiner Geschlechtsreife machen kann. Die Jungtiere der zweiten Versuchsgruppe können demzufolge als Kaspar-Hauser-Tiere **zweiter** Ordnung bezeichnet werden. Ihnen wurde für einen gewissen Zeitraum die Gelegenheit gegeben, gruppenspezifische Verhaltensweisen zu erleben, zu erproben und damit zu erlernen.
Problematisch bleibt bei einer derartigen Vorgehensweise aber, dass der Experimentator jeweils zu entscheiden hat, welche speziellen Erfahrungen den Versuchstieren vorenthalten werden müssen bzw. sollen. Voraussetzung ist, dass derjenige, der Versuche mit Kaspar-Hauser-Tieren zweiter Ordnung durchführen will, die natürlichen Lebensbedingungen seiner Versuchstiere genau kennen muss. Nur so kann die jeweilige Versuchsanordnung genau durchdacht und geplant werden.
Vor allem bei höheren Säugetieren – z. B. bei Primaten – sind derartige Versuche höchst bedenklich: Da hierbei gesundheitliche wie psychische, aber auch irreparable soziale Schädigungen bezüglich des Gruppenlebens dieser Tiere eintreten können, sollte von derartigen Versuchen Abstand genommen werden.

4 *Bevor Sie Stellung beziehen, ist es ratsam, sich nochmals den verhaltensbiologischen Hintergrund derartiger Versuche zu vergegenwärtigen, um dann die eigene Stellungnahme daraus abzuleiten bzw. darauf aufzubauen.*

Kaspar-Hauser-Experimente werden durchgeführt, um zu überprüfen, ob eine bestimmte Verhaltensäußerung instinktiv ausgeführt wird, also angeboren ist, oder erlernt wird. Daher ist es sinnvoll, bei experimentellen Aufzuchten stets mit Kaspar-Hauser-Tieren zweiter Ordnung zu arbeiten. Wenn Tiere unter einem spezifischen Erfahrungsentzug aufgezogen werden, können ihnen durch die Wahl des Versuchsaufbaus gezielt Erfahrungen vorenthalten werden. Alle übrigen Kenntnisse und Fertigkeiten, die für eine ungestörte Entwicklung unbedingt notwendig sind, können die Versuchstiere erwerben.

Klausuren Biologie
Klausur 5: Verhalten (Bearbeitungszeit: 60 min)

„Stoß mich – zieh mich“ – die Fütterung bei Aztekenmöwenküken Punkte

Die Aztekenmöwe *(Larus atricilla)* ist eine an der Ostküste der Vereinigten Staaten beheimatete Möwenart *(„laughing gull“)*, die aber auch in Irland und auf den Britischen Inseln vorkommt. Besonders auffällig sind bei den adulten Tieren der schwarze Kopf und der rote Schnabel.
Sobald brütende Altvögel von ihrer Nahrungssuche zum Nest zurückkehren, werden sie von den hungrigen Jungtieren auf charakteristische Art und Weise angebettelt. Um die Altvögel zum Herauswürgen von Futter zu stimulieren, richten die Küken zunächst bettelnde Hiebe gegen den Schnabel des adulten Tieres. Der weitere Ablauf des Verhaltens ist in Abb. 1 dargestellt.

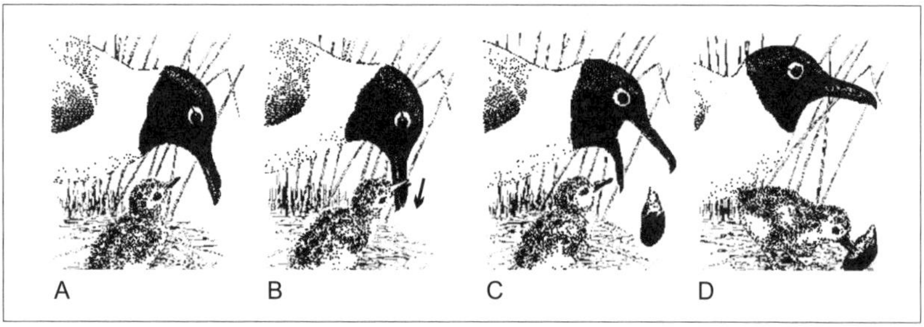

Abb. 1: Aztekenmöwen bei der Fütterung

1 Beschreiben Sie anhand des Textes und der Abb. 1 den Ablauf des Fütterungsverhaltens der Aztekenmöwen. 4

2 In Attrappenversuchen mit unterschiedlich alten Aztekenmöwenküken (Eintagsküken/eine Woche alte Küken) wurde das Verhalten der Jungtiere untersucht.
Abb. 2 gibt einige dieser Experimente grafisch wieder.

2.1 Beschreiben und analysieren Sie die Versuchsergebnisse aus Abb 2. Gehen Sie dabei auch allgemein auf die Vorgehensweise bei Attrappenversuchen ein. 10

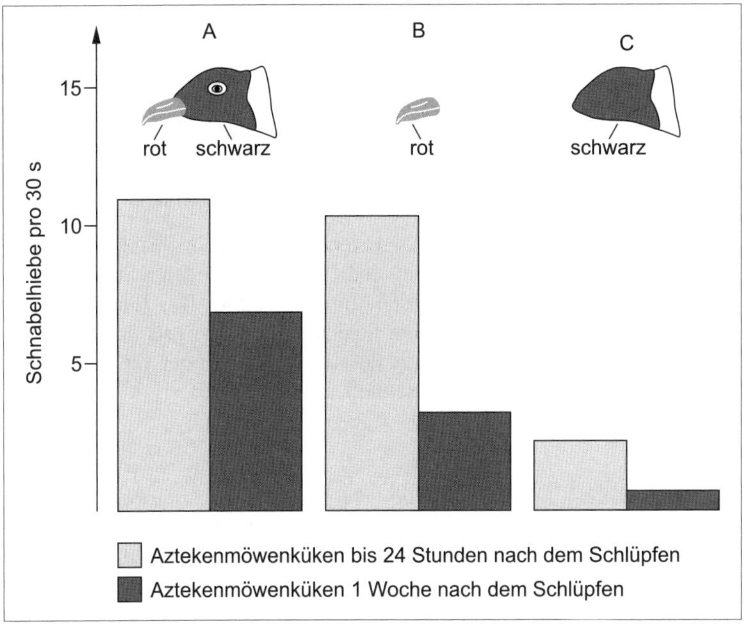

Abb 2: Pickverhalten von Aztekenmöwenküken

2.2 Äußern Sie sich konstruktiv und kritisch zu der experimentellen Vorgehensweise. Überlegen Sie dabei, ob weitere Untersuchungen notwendig sind, um die verhaltensrelevanten Aspekte der Fütterung genauer zu analysieren. 6

20

Lösung

Inhalte: Fütterungsverhalten, angeborenes Verhalten, Instinktverhalten, Attrappenversuche, Schlüsselreiz, Auslöser, experimentelle Vorgehensweise

1 *Die textlichen und bildlichen Informationen müssen gleichermaßen ausgewertet und zu einem sinnvollen Handlungsablauf kombiniert werden.*

Das Fütterungsverhalten läuft bei den Aztekenmöwen in charakteristischer Weise ab. Nachdem der Jungvogel bettelnde Hiebe gegen den Schnabel des Altvogels ausgeführt hat, senkt dieser den Kopf (Abb. 1A). Das Jungtier ergreift mit seinem kleinen Schnabel den roten Schnabel des Altvogels und zieht ihn nach unten (Abb. 1B). Daraufhin würgt das adulte Tier Futter für sein Junges aus (Abb. 1C). Die Nahrung wird anschließend vom Küken ergriffen und gefressen (Abb. 1D).

2.1 *Bei der Bearbeitung dieser Aufgabe empfiehlt es sich, zunächst grundsätzliche Überlegungen zu Attrappenversuchen anzustellen und dann zur Beschreibung der im Versuch verwendeten Attrappen überzugehen. Beschreibung und Analyse der Versuchsergebnisse können dann im nächsten Schritt folgen. Bei Abb. 2 ist es hilfreich, wenn Sie „Hilfslinien" in das Diagramm einziehen, um mit konkreten Zahlenwerten operieren zu können.*

Attrappenversuche dienen dazu, einzelne Reize und Merkmale (Schlüsselreize bzw. Auslöser) zu identifizieren, die eine bestimmte Handlung auslösen können. Dabei bedient man sich unterschiedlicher Attrappen, Modelle von natürlichen Objekten, um die Verhaltensreaktionen der Versuchstiere zu prüfen.
Im vorliegenden Fall werden drei unterschiedliche Attrappen verwendet. Attrappe A entspricht dem natürlichen Abbild eines Altvogelkopfes (schwarzer Kopf und roter Schnabel). Mit Attrappe B wird den Versuchstieren lediglich der Schnabel präsentiert. Attrappe C stellt einen rudimentären Möwenkopf ohne Schnabel und Auge dar. Die hier gewählte Vorgehensweise entspricht einem **abbauenden Attrappenversuch**. Ausgangsattrappe A ist dabei das Modell, das dem Altvogelkopf am ähnlichsten sieht. Bei Attrappe B bzw. C wurden Teile von Attrappe A weggelassen.
Die Versuchsergebnisse aus Abb. 2 lassen sich wie folgt analysieren:
Zunächst ist ersichtlich, dass gerade geschlüpfte Jungtiere auf die präsentierten Attrappen deutlich anders reagieren als Tiere, die bereits eine Woche alt sind. Die älteren Küken führen deutlich weniger Schnabelhiebe aus als die jüngeren. Gegen Attrappe A picken eine Woche alte Küken durchschnittlich siebenmal in 30 Sekunden, Eintagsküken hingegen elfmal. Bei Attrappe B ist der Unterschied noch deutlicher: Eintagsküken führen mehr als zehn Schnabelhiebe in 30 Sekunden aus, eine Woche alte Küken lediglich drei. Die Reaktion auf die schnabellose Attrappe C ist in beiden Gruppen mit Abstand am schwächsten ausgeprägt: Etwa zweimal in 30 Sekunden picken Eintagsküken, einwöchige Tiere im

Schnitt überhaupt nicht. Offenbar lassen sich ältere Aztekenmöwenküken nicht mehr so leicht von den Attrappen täuschen (*attraper*, franz. hereinlegen) wie noch gerade geschlüpfte Jungtiere. Die älteren Tiere haben in der ersten Lebenswoche gelernt, wie das Elterntier aussieht und dass es nicht nur aus einem Schnabel besteht (Attrappe B). Fehlt der rote Schnabel ganz, also der Bereich des Kopfes, gegen den sie ihre Schnabelhiebe richten und den sie schließlich zu sich herunterziehen müssen (Attrappe C), so ist unabhängig von ihrem Alter kaum noch eine auslösende Wirkung auf die Versuchstiere zu beobachten. Vor allem das Verhalten der Eintagsküken macht deutlich, dass es sich bei dem Schnabel um einen **Schlüsselreiz** handeln muss. Sie richten ihre Hiebe fast genauso häufig gegen ihn (Attrappe B) wie gegen Attrappe A (kompletter Kopf). Auf den Kopf ohne Schnabel (Attrappe C) reagieren sie hingegen kaum.

2.2 *Beachten Sie, dass sich eine konstruktive Versuchskritik auf konkrete Punkte bzw. Aspekte des Versuchs oder des Versuchsaufbaus beziehen muss. Ein planloses Spekulieren, was man im Experiment verändern könnte, ist hier nicht angebracht.*

Die wiedergegebene experimentelle Vorgehensweise kann und sollte kritisch hinterfragt werden. Bei Attrappe C fällt auf, dass das Auge der Aztekenmöwe fehlt. Streng genommen ist damit ein direkter Vergleich mit den beiden anderen Attrappen nur eingeschränkt möglich. Es kann nicht ermittelt werden, ob der deutliche Rückgang des Pickens der Jungtiere ausschließlich auf das Fehlen des Schnabels zurückzuführen ist. Obwohl dies sehr wahrscheinlich ist, bleibt offen, ob nicht auch das markante helle Auge im schwarzen Kopfgefieder als **Auslöser** fungieren könnte. Um dies herauszufinden, müsste ein weiteres Experiment mit beiden Versuchsgruppen durchgeführt werden. Eine Attrappe D müsste dann so gestaltet sein wie Attrappe A – allerdings ohne den roten Schnabel.
Ein weiteres Kriterium, das ggf. beim Verhalten der Jungtiere eine Rolle spielen könnte, ist die rote Schnabelfarbe. Um deren Bedeutung zu ermessen, müssten die Attrappen A und B dahin gehend abgewandelt werden, dass die Färbung des Schnabels in einem Grauton gehalten ist, dessen Sättigung der Rotfärbung entspricht. Ist bei der Verwendung dieser Attrappen ein signifikanter Rückgang der Schnabelhiebe zu beobachten, so kommt die Farbe des Schnabels als weitere verhaltensauslösende Komponente hinzu. Damit könnte es sich bei Aztekenmöwen unter Umständen um eine Summation der Schlüsselreize „Form des Schnabels" und „Farbe des Schnabels" handeln, was dann noch einer experimentellen Überprüfung bedürfte.

Klausuren Biologie
Klausur 6: Stoffwechsel (Bearbeitungszeit: 75 min)

Mais – die Globalisierung einer Nutzpflanze Punkte

1 Mais, eine Pflanzenart aus der Familie der Süßgräser *(Poaceae)*, stammt ursprünglich aus Mexiko und ist als typische Sonnenpflanze an die dort herrschenden Umweltbedingungen hervorragend angepasst. Das Klima in weiten Gebieten Mexikos wird als subtropisch bezeichnet.
Im Rahmen eines Testversuches sollen Möglichkeiten der Ertragsoptimierung erforscht werden. Dazu werden in drei Gewächshäusern unterschiedliche Umweltbedingungen (Temperatur, Lichtstärke und Kohlenstoffdioxidgehalt) in ihren Werten variiert.

Temperatur [°C]:	10	20	30
Lichtstärke [Lux]:	80 000	20 000	3 500
CO_2-Gehalt [Vol.-%]:	0,01	0,11	1,11

1.1 Kombinieren Sie die untersuchten Umweltbedingungen so, dass die Erträge von Gewächshaus 1 bis 3 ansteigen. 3

1.2 Begründen Sie Ihre Entscheidung, indem Sie auf jede der drei Variablen (Temperatur, Lichtstärke und CO_2-Gehalt) gesondert eingehen. 6

1.3 In einem weiteren Gewächshaus, in dem ansonsten optimale Wachstumsbedingungen herrschen, wird mit verschiedenen Spektrallampen in den Farben Gelb, Rot und Weiß experimentiert, die identische Lichtstärken liefern. Leiten Sie ab, welche Lichtfarbe den höchsten Ertrag bringt. 5

2 Die Hauptproblematik für Pflanzen subtropischer Gebiete besteht darin, dass Wasserdampfabgabe und Kohlenstoffdioxidaustausch gemeinsam durch die Spaltöffnungen stattfinden. Werden die Stomata weit geöffnet, um genügend Kohlenstoffdioxid für die Fotosynthese aufzunehmen, nimmt dadurch auch die Transpiration (= Wasserverdunstung) und damit die Gefahr des Austrocknens der Pflanze zu.
Bei Maispflanzen wird der Kohlenstoffdioxidaustausch mit der Umgebung bei verschiedenen Temperaturen, aber konstanter Lichtintensität gemessen (Abb. 1).

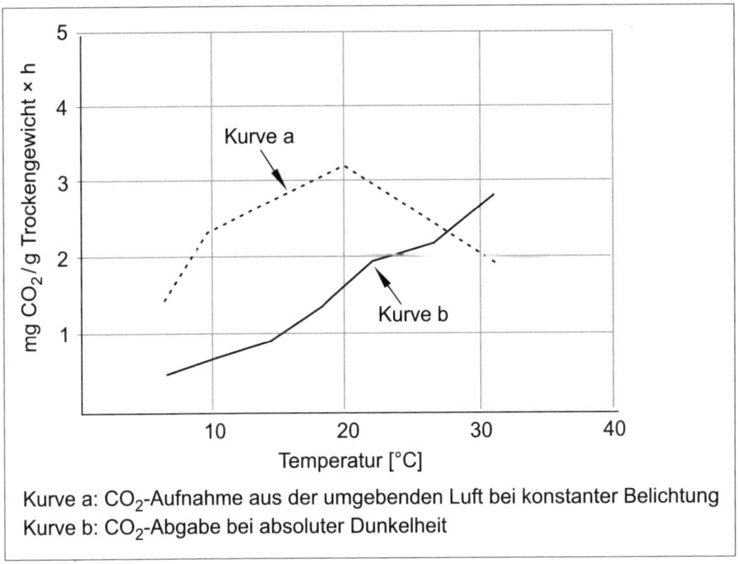

Abb. 1: Kohlenstoffdioxidaustausch mit der Umgebung

2.1 Ordnen Sie der Kurve a den entsprechenden Stoffwechselvorgang zu und fertigen Sie eine beschriftete Skizze des entsprechenden Zellorganells mit seinen wichtigsten Bestandteilen an. 5

2.2 Beschreiben Sie kurz den biochemischen Vorgang der Fixierung des aus der umgebenden Luft aufgenommenen Kohlenstoffdioxids. Zeichnen Sie den Ort dieses Vorganges in die von Ihnen in Aufgabe 2.1 angefertigte Skizze ein. 3

2.3 Leiten Sie aus Abb. 1 mithilfe der Kurven a und b die Bruttofotosyntheserate in den Pflanzenzellen bei +20 °C ab. 4

2.4 Beschreiben und erläutern Sie den Verlauf der Kurve a in Abb. 1 ab +18 °C. 3

3 Der Mais nutzt durch Anpassung an den subtropischen Lebensraum als sogenannte C_4-Pflanze eine Variante der Fotosynthese zur Fixierung von Kohlenstoff (Abb. 2). Diese Fotosynthesevariante ermöglicht bei hohen Umgebungstemperaturen trotz geschlossener Stomata eine ausreichende Fotosyntheserate.

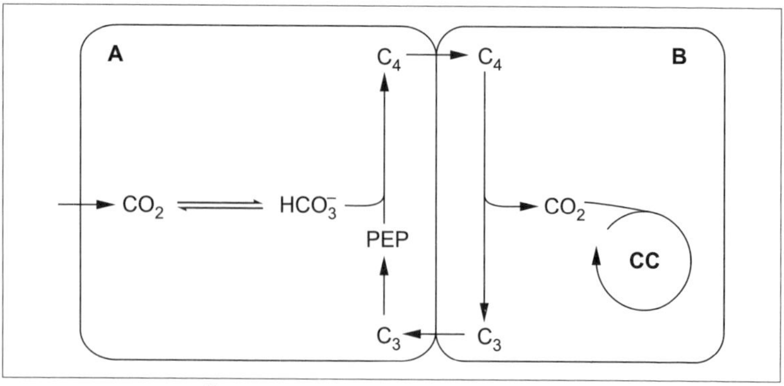

Abb. 2: Schematische Übersicht über den C_4-Zyklus (A Mesophyllzelle; B Blattscheidenzelle; CC Calvinzyklus)

Das fixierende Enzym PEP-Carboxylase besitzt dabei eine viel höhere Affinität für CO_2 als das im Calvinzyklus CO_2-fixierende Enzym Rubisco. Als erstes Produkt der CO_2-Fixierung entsteht bei C_4-Pflanzen eine Verbindung mit vier Kohlenstoffatomen.

3.1 Beschreiben Sie anhand von Abb. 2 die Unterschiede zum Fotosynthese-Grundtypus. 4

3.2 Erklären Sie die Vorteile der C_4-Variante im Vergleich zum Fotosynthese-Grundtypus. 4

3.3 Trotz der Fotosynthesevariante zur Fixierung von Kohlenstoff laufen die Lichtreaktionen in C_4-Pflanzen wie bei allen anderen höheren Pflanzen ab. Stellen Sie deren Ablauf in einem beschrifteten Schema dar. 6

43

Lösung

Inhalte: Bau des Chloroplasten, Fotosynthesepigmente, Ablauf der Fotosynthese mit Licht- und Dunkelreaktionen, Abhängigkeit der Fotosynthese von Umweltfaktoren

1.1

Gewächshaus	1	2	3
Temperatur [°C]	10	20	30
Lichtstärke [Lux]	3 500	20 000	80 000
CO_2-Gehalt [Vol.-%]	1,11	0,01	0,11

1.2 Eine Ertragssteigerung wird im Allgemeinen durch eine Erhöhung der Fotosyntheserate erreicht.

Temperatur: An der Fotosynthese sind enzymatische Prozesse beteiligt und diese sind temperaturabhängig. Bei enzymatischen Prozessen nimmt laut der RGT-Regel mit steigender Temperatur die Reaktionsgeschwindigkeit zu. Außerdem stammt die Maispflanze aus Mexiko und ist damit an das subtropische Klima mit höheren Temperaturen angepasst.

Die RGT-Regel besagt, dass sich die Reaktionsgeschwindigkeit bei einer Temperatursteigerung um 10 °C verdoppelt bis verdreifacht.

Lichtstärke: Bei der Maispflanze handelt es sich um eine typische Sonnenpflanze. Sie betreibt bei Schwachlicht nur geringfügig Fotosynthese, bei zunehmender Lichtintensität steigt die Fotosyntheserate bis zu einem Sättigungswert an.

CO_2-Gehalt: Mit steigendem CO_2-Gehalt steigt auch die Fotosyntheserate, allerdings tritt etwa ab einer Konzentration von 0,15 Vol-% eine Verminderung der Fotosyntheseleistung ein. Die Konzentration von 0,01 Vol-% liegt knapp unter dem natürlichen Kohlenstoffdioxidgehalt der Luft und bereits dieser ist ein Minimumfaktor der Fotosynthese.

1.3 Die für die Fotosynthese nötige Lichtabsorption erfolgt durch Chlorophylle, deren Absorptionsmaxima im Bereich der roten und blauen Wellenlängen liegen. **Gelbes** Licht wird von den Chlorophyllen kaum absorbiert, deshalb findet nur wenig Fotosynthese statt und der Ertrag ist schlecht. **Rotes** Licht wird zwar gut absorbiert, ist aber nicht optimal für die Fotosynthese, da es kein Licht der Wellenlänge des zweiten Absorptionsmaximums enthält. **Weißes** Licht umfasst dagegen das komplette Spektrum und damit auch rote und blaue Lichtanteile, die von den Chlorophyllen maximal absorbiert werden. Weißes Licht ist deshalb optimal für die Fotosyntheseleistung und der Ertrag ist am höchsten.

2.1 Der Stoffwechselvorgang ist die Fotosynthese und diese läuft in den Chloroplasten ab.

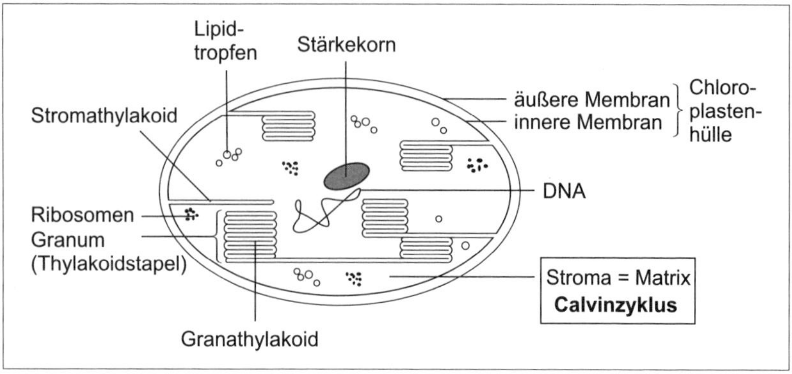

2.2 Die CO_2-Fixierung erfolgt im Calvinzyklus durch das Enzym Rubisco an Ribulose-1,5-bisphosphat. Dieser Stoffwechselvorgang findet im Stroma der Chloroplasten statt (siehe Skizze zu 2.1).

2.3 Bei fotosynthetisch aktiven Pflanzenzellen läuft gleichzeitig auch Zellatmung ab. Die gemessene Nettofotosyntheserate (CO_2-Aufnahme) entspricht also nicht der tatsächlichen fotosynthetischen CO_2-Fixierung. Für die Berechnung der Bruttofotosyntheserate müssen daher die Werte der Kurven a und b bei 20 °C zusammengerechnet werden:

3 mg CO_2/g Trockengewicht · h + 1,6 mg CO_2/g Trockengewicht · h
= 4,6 mg CO_2/g Trockengewicht

2.4 Kurvenverlauf: Zunächst steigt die CO_2-Aufnahme annähernd linear an und erreicht dann bei 20 °C ihr Maximum. Bei Temperaturen oberhalb von 20 °C sinkt die CO_2-Aufnahme linear.
Bedeutung: Der Temperaturanstieg führt zunächst zu einer Erhöhung der CO_2-Aufnahme *(vgl. Aufgabe 1.2)*. Ab 20 °C schließen bei Maispflanzen die Stomata, um den Wasserverlust durch Transpiration in Grenzen zu halten. Dadurch werden der Gasaustausch und damit die CO_2-Aufnahme für die Fotosynthese erschwert.

3.1 Neben dem Calvinzyklus in den Blattscheiden (B) läuft **räumlich** getrennt in den Mesophyllzellen (A) eine CO_2-**Vorfixierung** ab. Sie wird durch das Enzym **PEP-Carboxylase** katalysiert, das eine viel höhere CO_2-Affinität besitzt als Rubisco im Calvinzyklus. Das erste Assimilationsprodukt ist im Unterschied zu C_3-Pflanzen eine Kohlenstoffverbindung mit **vier C-Atomen** *(Malat)*.

3.2 Durch die CO_2-Vorfixierung wird auch bei geschlossenen Stomata (aufgrund hoher Temperaturen und Trockenheit) die CO_2-Konzentration in den Bündelscheidenzellen hoch gehalten, sodass der Calvinzyklus und damit die gesamte Fotosynthese effizienter ablaufen können als bei C_3-Pflanzen.

Die hohe Anreicherung mit CO_2 hält den Einfluss der Fotorespiration (Freisetzung von CO_2 wegen Oxygenase-Aktivität von Rubisco) geringer als bei C_3-Pflanzen. C_4-Pflanzen erzielen also unter ariden Bedingungen (hohe Sonneneinstrahlung, Wassermangel) und geringerem CO_2-Partialdruck eine höhere Fotosyntheseleistung als C_3-Pflanzen.

3.3

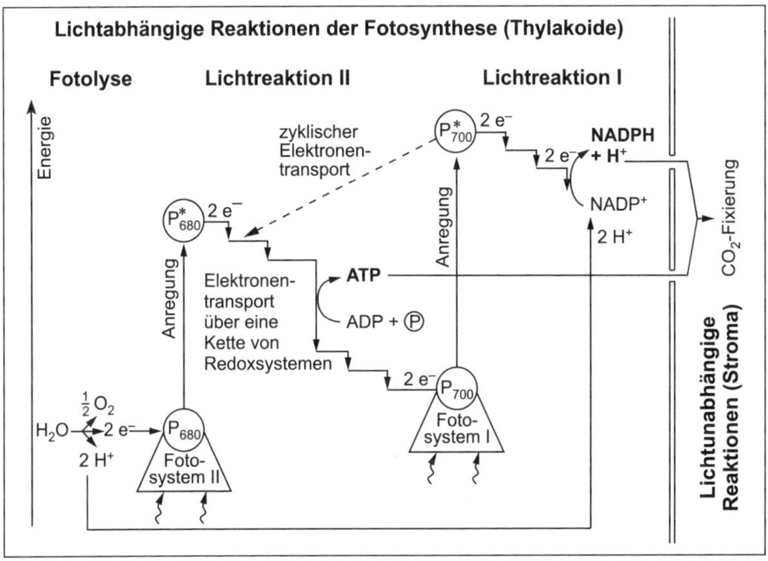

Klausuren Biologie
Klausur 7: Stoffwechsel (Bearbeitungszeit: 45 min)

Glucose – der schnelle Energielieferant Punkte

Material 1:

Durch die Fotosyntheseleistung der grünen Pflanzen wird neben Sauerstoff als Primärprodukt Glucose, Traubenzucker, gebildet. Die Glucose spielt als wichtigster Energielieferant im Stoffwechsel aller Lebewesen eine zentrale Rolle und bildet dadurch die Grundlage des Lebens.
Der Mensch nimmt durch die Nahrung verschiedene Kohlenhydrate auf, vor allem das Polysaccharid Stärke, deren Abbau zu Disacchariden durch Speichelenzyme erfolgt. Die abschließende Endverdauung im Dünndarm liefert Glucose, die vom Körper resorbiert wird.

Material 2:

Durch die Epithelzellen der Dünndarmschleimhaut wird Glucose in die Blutkapillaren transportiert, wo durch hormonelle Regelung ein bestimmter Glucosegehalt konstant gehalten wird. Dieser konstant zu haltende Blutzuckerspiegel beträgt bei Jugendlichen und Erwachsenen 90 – 110 mg/100 ml Blut.

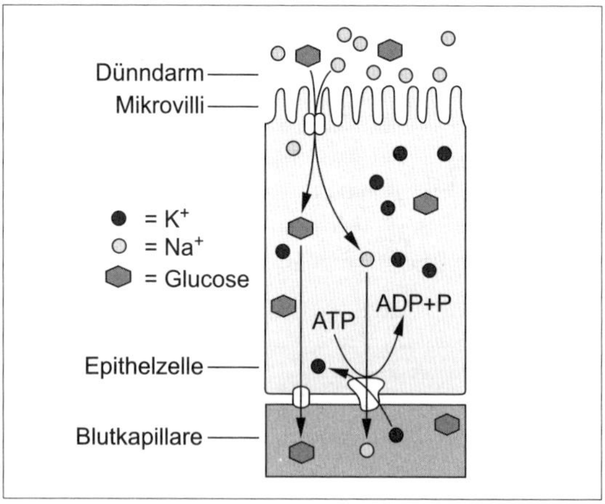

Abb. 1: Stofftransport durch die Epithelzellen des Dünndarms beim Menschen

1 Als Resorption bezeichnet man die Aufnahme von Stoffen in das Kreislaufsystem.

1.1 Mikrovilli sind Zellmembranausstülpungen der Dünndarmzotten. Erklären Sie die biologische Bedeutung des durch die Ausstülpungen verwirklichten Prinzips. 3

1.2 Ordnen Sie den in Material 2 dargestellten Ionentransport durch die Epithelzellen der Dünndarmschleimhaut (Abb. 1) den Ihnen bekannten Transportmechanismen zu und begründen Sie. 6

2 Im Dünndarm liegt der Glucosegehalt je Liter Darminhalt unter 9 mg.

2.1 Vergleichen Sie den Glucosegehalt im Dünndarm und im Blut. Leiten Sie aus diesem Vergleich und mithilfe von Abb. 1 die Art und Weise des Glucosetransports aus dem Dünndarm ins Blut ab. 3

2.2 Glucose wird durch das Blut zu den Zielzellen transportiert und dort in den Mitochondrien verstoffwechselt. Fertigen Sie eine beschriftete Skizze eines Mitochondriums mit seinen wichtigsten Bestandteilen an. 4

2.3 Während der Zellatmung wird Glucose in Kohlenstoffdioxid zerlegt. Beschreiben Sie unter Angabe konkreter Bilanzwerte für Glucose und Kohlenstoffdioxid die biochemischen Vorgänge, bei denen Kohlenstoffdioxid abgespalten wird. Zeichnen Sie die Orte dieser Vorgänge in die von Ihnen in Aufgabe 2.2 angefertigte Skizze ein. 5

2.4 Werbetexte für traubenzuckerhaltige Fitmacher preisen ihre Produkte häufig als schnelle und leistungssteigernde Energielieferanten an.
Beurteilen Sie diese Werbeaussagen unter Verwendung des Materials 1. 3

2.5 In einem Schulbuch finden Sie die folgende Beschreibung der Vorgänge bei der Endoxidation:
„Wenn Elektronen in den Mitochondrien durch die Atmungskette fließen, gewinnen diese an freier Energie und die Cytochrome phosphorylieren ADP zu ATP. Dabei steigt der pH-Wert in der Matrix und die ATP-Synthase pumpt Protonen durch aktiven Transport in den Intermembranraum."
Stellen Sie diese Schulbuchbeschreibung richtig. 7

3 Durch Gärung können manche Zellen Glucose unter anaeroben Bedingungen abbauen.
Überprüfen Sie die nachfolgenden Behauptungen und entscheiden Sie durch Ankreuzen, ob diese richtig sind. *(Falsche Antworten führen zu Punktabzug.)*

Zellatmung und Gärung besitzen gemeinsam den Stoffwechselschritt

- ☐ Citratzyklus.
- ☐ Glykolyse.
- ☐ oxidative Decarboxylierung.
- ☐ Endoxidation.

Zellatmung und Gärung unterscheiden sich, da

- [ ] nur bei der Zellatmung $NADH/H^+$ durch die Atmungskette oxidiert wird.
- [ ] nur bei der Zellatmung NAD^+ als Protonenakzeptor dient.
- [ ] nur bei der Gärung Glucose oxidiert wird.
- [ ] nur bei der Gärung NAD^+ aus $NADH/H^+$ durch Elektronenübertragung auf organische Moleküle regeneriert wird.

In der Atmungskette fungiert als endgültiger Elektronenakzeptor

- [ ] NAD^+.
- [ ] ADP.
- [ ] Sauerstoff.
- [ ] Wasser.

In zwei Versuchsansätzen wird eine identische Anzahl von Hefezellen mit Glucosemolekülen gefüttert, wobei ein Versuch unter aeroben, der andere unter anaeroben Bedingungen stattfindet. Wenn die Hefezellen in beiden Versuchen die gleiche Energiemenge produzieren, wird im Vergleich zum aeroben Versuchsaufbau unter anaeroben Bedingungen

- [ ] gleich viel Glucose verbraucht.
- [ ] 16-mal mehr Glucose verbraucht.
- [ ] 16-mal weniger Glucose verbraucht. 5

36

Lösung

Inhalte: aktiver und passiver Stofftransport, Bau der Mitochondrien, Zellatmung und Gärung, Glykolyse, Zitronensäurezyklus und Endoxidation

1.1 Prinzip der **Oberflächenvergrößerung**: Je größer die Resorptionsfläche, desto mehr Glucosemoleküle werden pro Zeiteinheit resorbiert und desto rascher erfolgt die Glucoseaufnahme ins Blut.

1.2 Wegen ihrer geringeren intrazellulären Konzentration diffundieren Na^+-Ionen entsprechend ihrem Konzentrationsgefälle durch ein Transportprotein erleichtert in die Epithelzellen des Dünndarms. Hierbei handelt es sich um einen **passiven** Transport. Eine Pumpe bringt Na^+-Ionen entgegen dem Konzentrationsgefälle unter Energieverbrauch **aktiv** aus den Epithelzellen in die Blutgefäße und pumpt im Gegenzug dafür K^+-Ionen ebenfalls entgegen dem Konzentrationsgradienten in die Epithelzellen des Dünndarms.

2.1 Der Glucosegehalt im Dünndarm ist deutlich niedriger als der Blutzuckergehalt. Daher muss die Resorption ins Blut ein **aktiver Transport** sein, da er entgegen dem Konzentrationsgefälle erfolgt.

Die Aufnahme von Glucose in die Epithelzellen wird allerdings nicht über ATP, sondern über (einen sekundär aktiven, Na^+-gekoppelten Transport,) eine Form des Symports vermittelt. Ins Blut gelangt die Glucose schließlich über Transportproteine entlang des Konzentrationsgradienten, also wiederum passiv.

2.2

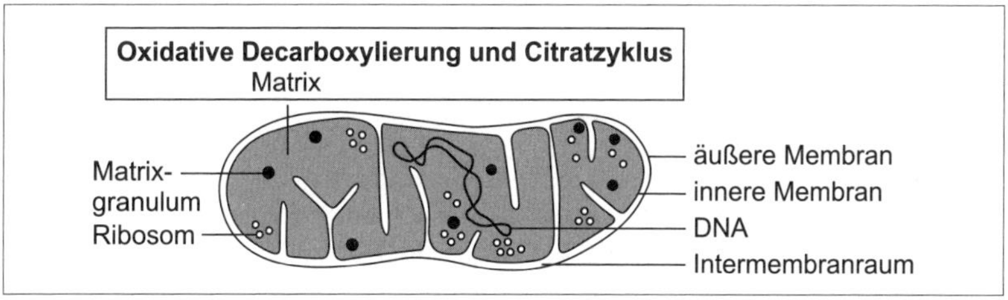

2.3 Die Abspaltung erfolgt während der oxidativen Decarboxylierung (2 mol CO_2 pro mol Glucose) und im anschließenden Citratzyklus (4 mol CO_2 pro mol Glucose). Diese Vorgänge finden in der Mitochondrienmatrix statt (s. Abb. 2.2).

2.4 Laut Material 1 entfällt bei Glucose im Vergleich zur Stärke die Verdauung. Dadurch gelangt Glucose schneller ins Blut und erreicht schneller die Mitochondrien in den Zielzellen. Gleichzeitig ist die Glucose auch der wichtigste Energieträger. Diese Werbeaussagen sind also richtig.

2.5 Wenn Elektronen in den Mitochondrien durch die Atmungskette fließen, **nimmt** deren freie Energie zum Endakzeptor Sauerstoff **ab**. Die Cytochrome dienen als **Elektronenüberträger** und die **ATP-Synthase** phosphoryliert ADP zu ATP. Der Protonentransport erfolgt durch **passiven** Transport **entlang des Konzentrationsgefälles** aus dem Intermembranraum in die **Mitochondrien-Matrix**, dabei **sinkt** der pH-Wert in der Matrix.

3 Zellatmung und Gärung besitzen gemeinsam den Stoffwechselschritt

- [ ] Citratzyklus.
- [x] Glykolyse.
- [ ] oxidative Decarboxylierung.
- [ ] Endoxidation.

Zellatmung und Gärung unterscheiden sich, da

- [x] nur bei der Zellatmung NADH/H^+ durch die Atmungskette oxidiert wird.
- [ ] nur bei der Zellatmung NAD^+ als Protonenakzeptor dient.
- [ ] nur bei der Gärung Glucose oxidiert wird.
- [x] nur bei der Gärung NAD^+ aus NADH/H^+ durch Elektronenübertragung auf organische Moleküle regeneriert wird.

In der Atmungskette fungiert als endgültiger Elektronenakzeptor

- [ ] NAD^+.
- [ ] ADP.
- [x] Sauerstoff.
- [ ] Wasser.

In zwei Versuchsansätzen wird eine identische Anzahl von Hefezellen mit Glucosemolekülen gefüttert, wobei ein Versuch unter aeroben, der andere unter anaeroben Bedingungen stattfindet. Wenn die Hefezellen in beiden Versuchen die gleiche Energiemenge produzieren, wird im Vergleich zum aeroben Versuchsaufbau unter anaeroben Bedingungen

- [ ] gleich viel Glucose verbraucht.
- [x] 16-mal mehr Glucose verbraucht.
- [ ] 16-mal weniger Glucose verbraucht.

*Die Zahlenwerte der letzten Behauptung müssten eventuell je nach unterrichtlicher Besprechung abgewandelt werden. Die Gärung liefert nur **2 ATP** im Vergleich zu **32 ATP** durch die Zellatmung.*

Klausuren Biologie
Klausur 8: Stoffwechsel (Bearbeitungszeit: 90 min)

Die Wirkungsweise von Enzymen

Punkte

Enzyme sind *Lipide/Proteine*, die durch eine Bindung an das *Substrat/Coenzym* die Aktivierungsenergie, welche für die Umsetzung des Substratmoleküls benötigt wird, so verringern, dass die kinetische Energie des *Aktiven Zentrums/der Substratmoleküle/der Coenzyme* ausreicht, die Umsetzung erfolgen zu lassen. Sie beschleunigen *physikalische und chemische/chemische* Reaktionen, indem die umzusetzenden Moleküle mit dem aktiven Zentrum einen *Enzym-Produkt-Komplex/Enzym-Substrat-Komplex* bilden.

1 Streichen Sie die unzutreffenden Alternativen und übertragen Sie den korrekt formulierten Text in Ihren Klausurbogen. 3

2 Enzyme werden je nach ihrer Funktion in unterschiedliche Klassen eingeteilt. Proteasen sind Enzyme, die Eiweiße in Aminosäuren zerlegen. Zu ihnen gehört das Pepsin, das im menschlichen Magensaft vorhanden ist. Im Magen herrscht ein saures Milieu, da die Belegzellen der Magenschleimhaut eine 0,3 %ige Salzsäure in das Mageninnere abgeben.
In zehn Versuchsansätzen werden die Bedingungen, unter denen eine Zersetzung von geronnenem, in kleine Würfel geschnittenem Hühnereiweiß erfolgen könnte, untersucht. Tab. 1 fasst die Versuchsbedingungen für die einzelnen Ansätze zusammen.

	1	2	3	4	5	6	7	8	9	10
kleinste Eiweißwürfel	•	•	•	•	•	•	•	•	•	•
Wasser	•	•	•	•	•	•	•	•	•	•
Protease Pepsin		•		•	•	•	•	•	•	•
Salzsäure			•	•		•	•	•	•	•
Natronlauge					•	•				
Bleioxid							•			
Kupfersulfat								•		
Lösungstemperatur 37 °C	•	•	•	•	•	•	•	•		
Lösungstemperatur 4 °C									•	
Ansatz 15 sec auf 100 °C erhitzt										•

Tab. 1: Versuchsansätze zum Ablauf einer enzymatischen Reaktion

2.1 Beschreiben und erläutern Sie die hier angewandte methodische Vorgehensweise. 4

2.2 Nennen Sie die in den einzelnen Versuchsansätzen zu erwartenden Ergebnisse. 5

2.3 Analysieren und deuten Sie die jeweils zu erwartenden Versuchsergebnisse. 10

3 Während der enzymatischen Reaktion wird ein Substrat in ein Produkt umgewandelt. Dazu bildet das Enzym mit dem Substrat einen Enzym-Substrat-Komplex. Die mengenmäßigen Verhältnisse von Substrat und Enzym während der katalytischen Reaktion sind in Abb. 1 schematisch dargestellt.

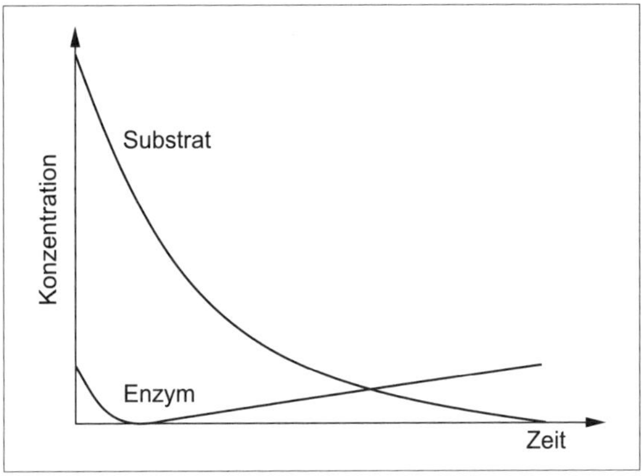

Abb. 1: Mengenverhältnisse von Substrat und Enzym während einer enzymatischen Reaktion

3.1 Beschreiben Sie Abb. 1. 4

3.2 Zeichnen Sie in Abb. 1 die Kurven ein, die sich für die Konzentrationen des Produktes und des Enzym-Substrat-Komplexes im Lauf der katalytischen Reaktion ergeben. 4

3.3 Beschreiben und deuten Sie die von Ihnen erstellten Kurvenverläufe, indem Sie sie zu den in Abb. 1 vorgegebenen Kurven in Beziehung setzen. 10

40

Lösung

Inhalte: Bau und Wirkungsweise von Enzymen, Grundbedingungen von Enzymreaktionen und deren Ablauf, experimentelle Vorgehensweise

1 Enzyme sind **Proteine**, die durch eine Bindung an das **Substrat** die Aktivierungsenergie, welche für die Umsetzung des Substratmoleküls benötigt wird, so verringern, dass die kinetische Energie **der Substratmoleküle** ausreicht, die Umsetzung erfolgen zu lassen. Sie beschleunigen **chemische** Reaktionen, indem die umzusetzenden Moleküle mit dem aktiven Zentrum einen **Enzym-Substrat-Komplex** bilden.

2.1 *Hier kommt es darauf an, dass Sie das Prinzipielle in der experimentellen Vorgehensweise beim Anlegen der Versuchsansätze erkennen und benennen.*

Das Experiment ist so angelegt, dass nacheinander (oder parallel) in den Reaktionsgefäßen verschiedene Bedingungen geschaffen werden, welche die enzymatische Reaktion (ggf.) beeinflussen können. Essenziell ist ein Kontrollversuch (1), der prüft, ob die stets beteiligten Grund„elemente" Eiweiß und Wasser (bei physiologischer Temperatur) auch in Abwesenheit des Enzyms (Pepsin) miteinander reagieren. Ein definierter Versuchsansatz mit Substrat und Enzym (2) wird in den folgenden Experimenten stets geringfügig abgewandelt, indem jeweils eine Komponente hinzugefügt, weggelassen oder verändert wird (Ausnahme: Versuch 6, s. u.). Diese kleinschrittige Vorgehensweise ist beim Anlegen von Experimenten unbedingt notwendig. Nur so ist gewährleistet, dass die ggf. eintretende Veränderung im Reaktionsgefäß ausschließlich auf eine – nämlich die geänderte – Komponente zurückgeführt werden kann.

2.2 *Denken Sie bei der Bearbeitung dieser und der nächsten Teilaufgabe daran, dass Pepsin eine Protease des Magens ist und dass dort ein leicht saures Milieu herrscht. Des Weiteren sollten Sie sich immer genau überlegen, welche Auswirkungen die Veränderung einzelner Versuchsparameter nach sich zieht.*

Versuchsansatz 1, 3, 5, 7, 8 und 10: Es erfolgt kein Eiweißabbau.
Versuchsansatz 2, 6 und 9: Es erfolgt ein sehr langsamer Eiweißabbau.
Versuchsansatz 4: Es erfolgt ein Abbau des Eiweißes.

2.3 Im ersten Versuchsansatz, dem Kontrollversuch, wird untersucht, ob Eiweiß und Wasser bei Körpertemperatur in Abwesenheit anderer Substanzen miteinander reagieren. Dies ist nicht der Fall, da ohne Pepsin kein Eiweißabbau möglich ist.
Wird die Protease zu diesem Kontrollansatz hinzugegeben (Ansatz 2 – Ausgangsbedingungen für alle weiteren Versuche), so findet eine Zersetzung von

Eiweiß nur in einem geringen Maße statt. Die äußeren Bedingungen für die katalytische Reaktion sind nicht optimal, da das Milieu nicht sauer genug ist.
Eine Kombination von Eiweiß, Wasser und Salzsäure wird auch bei Körpertemperatur zu keiner nennenswerten Zersetzung des Proteins führen, da auch hier das Enzym fehlt (Ansatz 3).
Durch Zugabe des Enzyms sind im Ansatz 4 optimale, d. h. physiologische Voraussetzungen für die Funktion des Pepsins geschaffen. Es erfolgt ein zügiger Abbau des Eiweißes.
Die Natronlauge im Versuchsansatz 5 verlagert das chemische Milieu in den basischen Bereich, sodass Pepsin nicht wirken kann.
Werden im Ansatz 6 Salzsäure und Natronlauge hinzugegeben, so entspricht der Ansatz Versuchsaufbau 2. Säure und Base neutralisieren sich gegenseitig zu einem neutralen pH-Wert. Allenfalls kommt es zu einem sehr langsamen Eiweißabbau. Problematisch ist dieser Versuchsansatz, weil streng genommen *zwei* Veränderungen vorgenommen wurden. Da aber die Wirkungsweise der Kombination aus Säure und Base bekannt ist, kann dieser Kritikpunkt hier vernachlässigt werden.
Die Zugabe von Bleioxid im Versuch 7 bewirkt eine **nicht-kompetitive Hemmung** des Enzyms. Es findet daher kein Eiweißabbau statt.
Auch das Schwermetallsalz Kupfersulfat im Ansatz 8 hemmt das Pepsin und verhindert damit einen Substratabbau.
Im Versuchsansatz 9 wird die Umgebungstemperatur drastisch reduziert. Sie liegt mit 4 °C dann außerhalb des physiologischen Bereichs und erlaubt damit allenfalls nur einen sehr langsamen Abbau der Proteinmasse.
Wird ein Ansatz, der im Prinzip optimale Reaktionsbedingungen aufweist, kurzzeitig auf 100 °C erhitzt (10), so wird das Pepsin irreversibel hitzedenaturiert. Eine katalytische Reaktion ist auch nach einer Abkühlung des Reagenzgefäßes damit ausgeschlossen.

3.1 *Da in der Abbildung keine konkreten Zahlenwerte angegeben sind, können Sie die Kurvenverläufe nur allgemein beschreiben.*

Abb. 1 stellt die Menge an Substrat und Enzym während einer enzymatischen Reaktion dar. Auf der Ordinate (y-Achse) ist die Konzentration der Komponenten angegeben, auf der Abszisse (x-Achse) die verstrichene Zeit. Beide Achsen sind nicht mit konkreten Zahlenwerten versehen, sodass es sich jeweils um relative Angaben handelt. Das Substrat ist der Stoff, der während der katalytischen Reaktion abgebaut wird. Seine Menge nimmt im zeitlichen Verlauf der katalytischen Reaktion stetig ab und erreicht schließlich den Wert null. Der Kurvenverlauf ist allerdings nicht linear. Zu Beginn der Reaktion geht der Abbau des Substrates deutlich schneller vonstatten und reicht dabei an exponentielle Werte heran. Die Enzymmenge nimmt zunächst sehr schnell ab und ten diert gegen null, um anschließend über einen sehr langen Zeitraum hinweg kontinuierlich wieder auf den Ausgangswert anzusteigen.

3.2

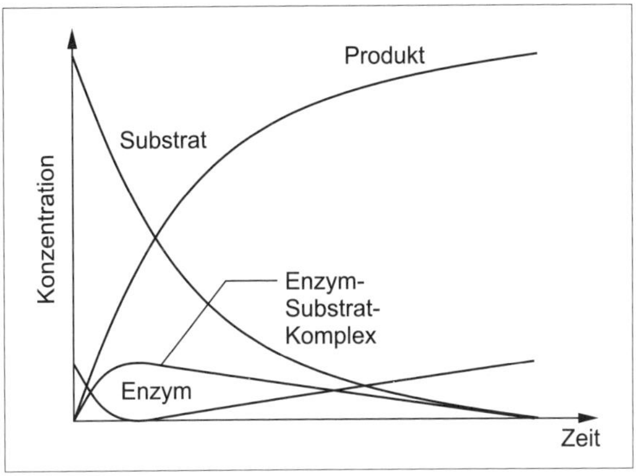

3.3 *Die erneute Beschreibung der Diagrammparameter wie unter 3.1 ist nicht vonnöten.*

Substrat und Produkt einer enzymatischen Reaktion stehen zueinander in einem Abhängigkeitsverhältnis. Das Substrat wird in das Produkt umgewandelt. In dem Maße, in dem die Menge des Substrates abnimmt, muss also diejenige des Produktes zunehmen. Die Kurve der Produktkonzentration steigt folglich jeweils in dem Ausmaß an, in dem die Substratmenge abnimmt. Die Substratkonzentration nimmt zu Beginn der enzymatischen Reaktion deswegen so schnell ab, weil am Anfang der Katalyse noch sehr viele freie Enzyme vorliegen. Dies ändert sich im Laufe der Reaktion, sodass die Kurve zum Ende der katalytischen Reaktion hin abflacht. Entsprechendes gilt auch für die Konzentration des Enzym-Substrat-Komplexes: Je mehr Substrate sich mit Enzymen zu Enzym-Substrat-Komplexen verbinden, desto weniger freie – nicht mit Substraten verbundene – Enzyme liegen vor. Wenn die Kurve der Enzymkonzentration den Wert null annimmt, muss die Kurve der Enzym-Substrat-Komplexe ihren Maximalwert erreichen. Dieser kann aber nie höher als der ursprüngliche Wert für die freien Enzyme liegen. Vom Maximalwert wird die Kurve der Enzym-Substrat-Komplexe wieder abfallen – spiegelbildlich zu derjenigen für die freien Enzyme.
Nach der Bildung der Enzym-Substrat-Komplexe und deren Umwandlung in Enzym-Produkt-Komplexe wird das Produkt freigesetzt und das Enzym liegt erneut ungebunden vor. Entsprechend der Abnahme der Substratkonzentration nimmt folglich auch die Menge der Enzyme, die in einem Enzym-Substrat-Komplex vorliegen, stetig ab. Sind alle Substrate umgesetzt, erreicht auch die Konzentration des Enzym-Substrat-Komplexes den Wert null.

Regulation der Endproduktherstellung

Punkte

Enzyme katalysieren chemische Reaktionen und übernehmen wichtige Funktionen im Stoffwechsel von Organismen.

1

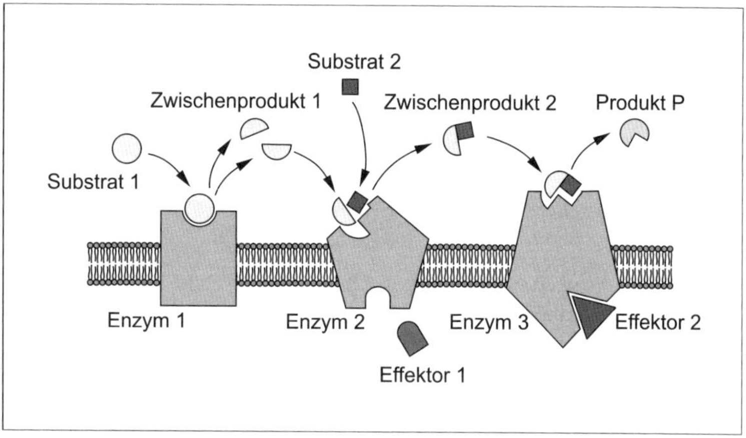

Abb. 1: Abfolge verschiedener Enzymreaktionen

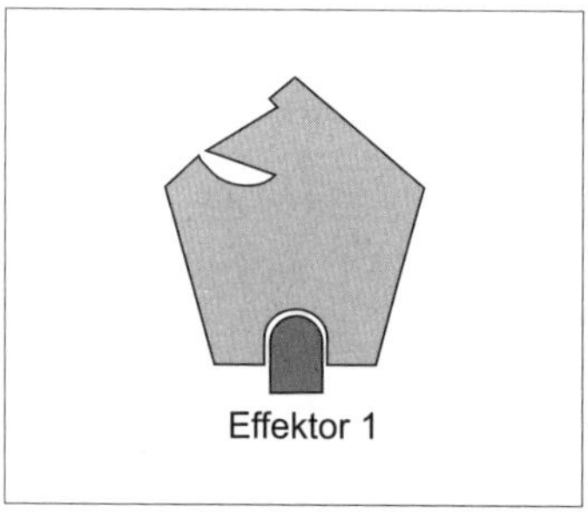

Abb. 2: Detailabbildung von Enzym 2

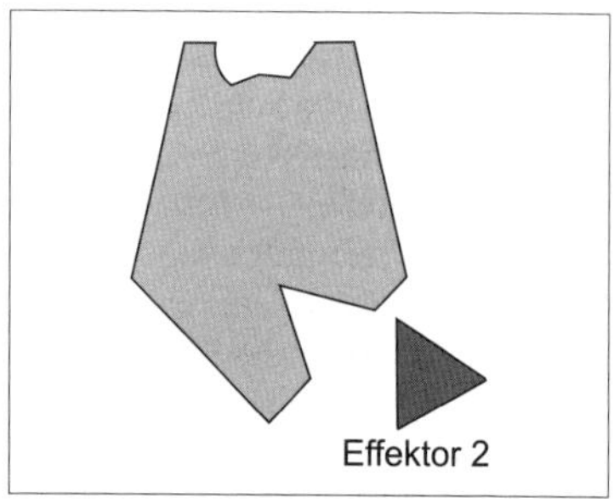

Abb. 3: Detailabbildung von Enzym 3

1.1 Zu den wichtigsten Grundstrukturen der Zelle gehört die Biomembran. Nennen Sie zwei Funktionen von Biomembranen. 2

1.2 Beschreiben Sie detailliert den Bau der in Abb. 1 dargestellten Biomembran einschließlich ihrer integralen Bestandteile. 9

1.3 Viele Stoffwechselreaktionen würden in Zellen ohne Biokatalysatoren nur sehr langsam ablaufen.
Erläutern Sie mithilfe von Abb. 1 die Herstellung des Stoffwechselendproduktes P. Berücksichtigen Sie bei Ihrer Antwort auch Abb. 2 und 3. 8

1.4 Überprüfen Sie anhand von Abb. 1, ob die folgenden Aussagen richtig (R) oder falsch (F) sind, und stellen Sie diese ggf. richtig. 7

Aussage	**R/F**	**Richtigstellung**
Die Zelle enthält so viele verschiedene Enzyme innerhalb der Kaskade aufgrund der starken Kompartimentierung der Zelle.		
Die Enzyme innerhalb der Kaskade katalysieren chemische Reaktionen durch Senkung der Aktivierungsenergie.		
Das Produkt P konkurriert mit dem Substrat S1 um das allosterische Zentrum an Enzym 1.		
Als Rückkopplungshemmung bezeichnet man die Hemmung eines Enzyms durch das Produkt der Stoffwechselreaktion.		

Tab. 1: Aussagen zur Enzymatik

2 Viele Stoffwechselwege erfolgen über Enzymkaskaden mit mehreren Regulationsmöglichkeiten.

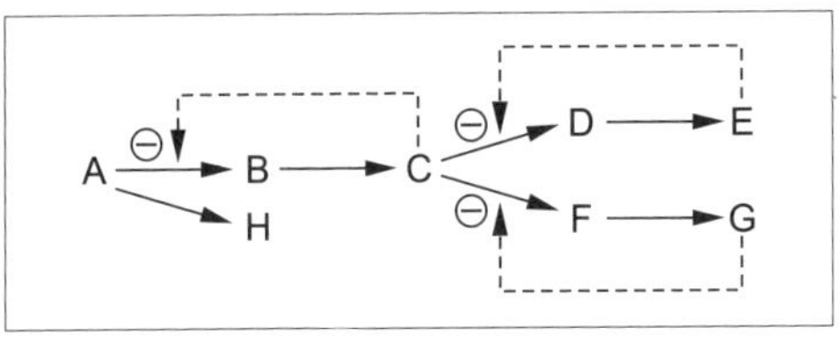

Abb. 4: Abfolge einer Enzymkaskade. Ein gestrichelter Pfeil mit einem Minuszeichen symbolisiert die Hemmung eines Stoffwechselschrittes.

Entscheiden Sie durch Ankreuzen, welche der folgenden Reaktionen bei hohen Konzentrationen von E und G in Abb. 4 vorherrscht. 2

☐ A → B

☐ A → H

☐ B → C

☐ C → D

☐ C → F

3 Amylose, ein Bestandteil der Stärke, wird durch das Enzym Amylase zu Maltose abgebaut. Um den Einfluss der Acarbose auf die Enzymaktivität zu untersuchen, wird bei einer konstanten Temperatur von +30 °C die Amylosekonzentration jeweils 5 Minuten nach Zugabe der Amylase in Abhängigkeit von der zugesetzten Acarboselösung gemessen.

Volumen Acarboselösung (ml)	Amylosekonzentration (nach 5 min in % der Ausgangskonz.)
0,04	5
0,05	17
0,06	29
0,07	41
0,08	53
0,09	65
0,10	77
0,11	85
0,12	91
0,13	96
0,14	98
0,15	97
0,16	98

Tab. 2: Versuchsergebnisse nach jeweils 5 min

3.1 Erstellen Sie aus den Tabellenwerten einen Graphen, der die Konzentration der Amylose (nach 5 min in % der Ausgangskonzentration) in Abhängigkeit vom Volumen der Acarboselösung zeigt. 3

3.2 Beschreiben Sie die zu Aufgabe 3.1 grafisch dargestellten Versuchsergebnisse. Erläutern Sie die Wirkung von Acarbose auf die Amylaseaktivität. Berücksichtigen Sie bei Ihrer Erläuterung auch die Molekülstruktur der Acarbose (Abb. 5). 8

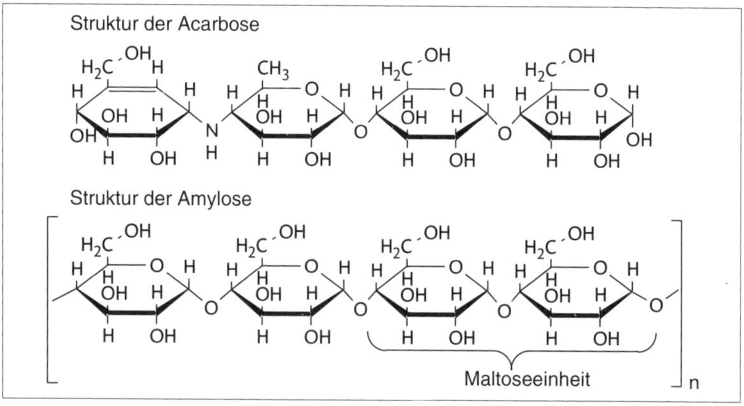

Abb. 5: Molekülstrukturen von Acarbose und Amylose

3.3 Die Versuchsreihe wird bei einer Temperatur von 60 °C wiederholt. Erklären Sie das von Ihnen erwartete Ergebnis. 2

41

Lösung

Inhalte: Bau und Funktion von Biomembranen, Stofftransport, Proteinstruktur, Wirkungsweise von Enzymen, Schlüssel-Schloss-Prinzip, kompetitive und allosterische Hemmung, Abhängigkeit der Enzymaktivität von Außenfaktoren

1.1 Funktionen von Biomembranen: *(zwei Antworten sind verlangt)*
- Abgrenzung der Zelle nach außen
- Kompartimentierung
- Regulation des Stofftransportes
- Signalübertragung

1.2 Die dargestellte Biomembran besteht aus einer Doppelschicht an Phospholipiden mit eingelagerten (oder: integralen) Proteinen, die als Enzyme wirken.
- Die Phospholipide, Ester aus dem Alkohol Glycerin, sind aus einem nach außen weisenden hydrophilen, polaren Phosphatanteil und zwei nach innen weisenden hydrophoben Fettsäureketten zusammengesetzt.
- Die Proteine der Enzyme bestehen aus über Peptidbindungen miteinander verknüpften Aminosäuren und besitzen eine komplexe Tertiärstruktur.

1.3
- Enzym 1 bindet Substrat 1 nach dem Schlüssel-Schloss-Prinzip und baut es zu den Zwischenprodukten Z1 ab.
- Enzym 2 baut Substrat 2 zu Z2 um, wenn sich zusätzlich Z1 ins aktive Zentrum einlagert und wenn die Konzentration des allosterischen Hemmstoffes (= Inhibitor) E1 so niedrig ist, dass er nicht an Enzym 2 bindet und dadurch die Konformation des aktiven Zentrums verändert (siehe Abb. 2).
- Enzym 3 baut Z2 nur in Anwesenheit des Effektormoleküls E2 zum Produkt P ab; E2 wirkt dabei als Cofaktor.

1.4

Aussage	R/F	Richtigstellung
Die Zelle enthält so viele verschiedene Enzyme innerhalb der Kaskade ~~aufgrund der starken Kompartimentierung der Zelle~~.	F	aufgrund der Reaktions- und der Substratspezifität der Enzyme
Die Enzyme innerhalb der Kaskade katalysieren chemische Reaktionen durch Senkung der Aktivierungsenergie.	R	
Das Produkt P konkurriert mit dem Substrat S1 ~~um das allosterische Zentrum~~ an Enzym 1.	F	um das aktive Zentrum
Als Rückkopplungshemmung bezeichnet man die Hemmung eines Enzyms durch das Produkt der Stoffwechselreaktion.	R	

2 ☐ A → B

☒ A → H

☐ B → C

☐ C → D

☐ C → F

3.1

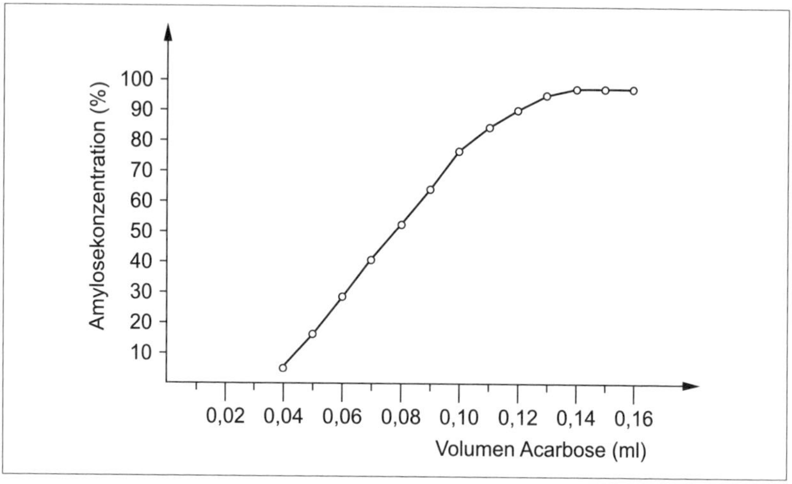

3.2 Bis etwa 0,10 ml zugegebener Acarboselösung steigt die Amylosekonzentration nach 5 Minuten linear und nähert sich dann in sigmoidem Verlauf einem konstanten Wert um 98 % an, der bei etwa 0,14 ml zugegebener Acarboselösung erreicht wird.

Je mehr Acarbose zugegeben wird, desto weniger Amylose wird abgebaut, da die Amylase durch Acarbose gehemmt wird. Ab etwa 0,14 ml zugegebener Acarboselösung findet praktisch kein Amyloseabbau mehr statt.

Amylose und Acarbose weisen eine ähnliche chemische Struktur auf, deshalb wird Amylase durch Acarbose **kompetitiv gehemmt**. Das Substrat muss nach dem Schlüssel-Schloss-Prinzip an das aktive Zentrum des Enzyms binden. Hat der Hemmstoff eine ähnliche räumliche Struktur wie das Substrat, kann er ebenfalls an das aktive Zentrum binden. Dadurch blockiert er für eine gewisse Zeit die Anlagerung des Substrats und dieses kann nicht umgesetzt werden.

3.3 Amylose wird unabhängig von jeglicher Acarbosezugabe nicht mehr abgebaut. Das Enzym Amylase ist aufgrund seiner Proteinnatur durch Hitzedenaturierung unwirksam geworden.

Klausuren Biologie
Klausur 10: Fortpflanzung und Entwicklung (Bearbeitungszeit: 90 min)

Das größte Rätsel der Evolution: Warum gibt es Sexualität? Punkte

1 In einem populärwissenschaftlichen Artikel stehen zum Thema „**Nachteile der sexuellen Fortpflanzung**" folgende Aussagen:

a) … Eine sexfreie Welt würde daher völlig anders aussehen als das, was wir gewohnt sind: Insekten würden keine Pollen oder Nektar in Blüten sammeln und auf diese Weise für die Bestäubung von Pflanzen sorgen. Auch der Pfau könnte auf sein ebenso extravagantes wie unpraktisches Federkleid verzichten. […] Pflanzen würden nicht blühen, Vögel nicht singen, der Pfau würde kein Rad schlagen und Hirsche kein Geweih tragen. Männer würden keine Sportwagen fahren und Frauen keine Miniröcke tragen. […] Zudem würde ohne Sex und ohne zwei Geschlechter einiges einfacher werden: Es gäbe keine Nebenbuhler mehr und keinen Liebeskummer, kein sinnloses Protzen und keine dummen Lügen.

b) … [außerdem] ist es paradox, dass Mütter bei vielen Tierarten ganz allein für Geburt und Aufzucht des Nachwuchses sorgen, obwohl sie damit aus genetischer Sicht ein schlechtes Geschäft machen: Im Vergleich zu Weibchen, die sich ungeschlechtlich fortpflanzen und daher nur Töchter produzieren, geben [Weibchen, die sich sexuell fortpflanzen,] nämlich lediglich die Hälfte ihrer Gene an die nächste Generation weiter. Fachleute nennen das die „**zweifachen Kosten von Sex**".

1.1 Belegen Sie anhand von sechs Beispielen aus Textabschnitt 1 a die wesentlichen Nachteile der sexuellen Fortpflanzung in Bezug auf Energieaufwand, Zeitaufwand und Erfolgswahrscheinlichkeit. 4

1.2 Ordnen Sie den in Textabschnitt 1 b genannten Fortpflanzungsstrategien die jeweils zugrunde liegenden zellulären Vorgänge mit einem Fachbegriff zu. Fassen Sie die biologische Bedeutung der jeweiligen Zellvorgänge kurz zusammen. 6

1.3 Erläutern Sie, was der Autor in Textabschnitt 1 b unter den „zweifachen Kosten von Sex" versteht. 4

1.4 Das Ergebnis der ungeschlechtlichen Fortpflanzung wird als **Klon** bezeichnet: Definieren Sie den Begriff. 2

2 „**Sex**“, sagt der Evolutionsbiologe GRAHAM BELL (*1949, Prof. in Oxford), „**ist die Königin der ungelösten Fragen**“. Weshalb hat sich die umständliche sexuelle Art der Fortpflanzung so erfolgreich durchsetzen können, dass 99,9 Prozent aller Tiere sie heute praktizieren?

Um eine Antwort auf diese Frage zu finden, untersuchte der amerikanische Biologe CURTIS LIVELY die seltene (nur 1,5 bis 4 cm große) Karpfenfischgattung *Poeciliopsis.* Diese Fische, die in natürlichen Felsentümpeln entlang des Rio Fuerte in der Sonora-Wüste, Mexiko, leben, zeigen zwei bemerkenswerte Eigenschaften:

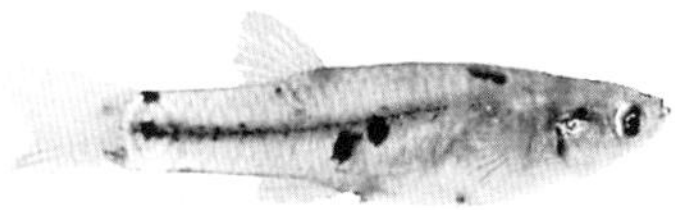

Abb. 1: Zahnkarpfen mit Schwarzflecken-Krankheit

- Die weiblichen Fische nutzen **beide** Varianten der Fortpflanzung. Die Weibchen können sich entweder sexuell mit Männchen paaren oder ungeschlechtliche Nachkommen produzieren, deren Erbgut mit dem der Mutter identisch ist („Jungfernzeugung“).
- Diese Fischart leidet an der „Schwarzflecken-Krankheit“. Diese wird von einem Wurmparasit ausgelöst, dessen Larven sich in die Körperwand der Tiere bohren und dadurch schwarze Pigmentflecken hervorrufen (siehe Abb. 1). Der Grad des Parasitenbefalls lässt sich quantitativ anhand der Zahl der Flecken bestimmen.

CURTIS LIVELY analysierte in einem bestimmten Teich alle Fische (gleicher Größe) nach Parasitenbefall und genetischer Abstammung (sexuelle Nachkommen bzw. Klone). Das Ergebnis (für Fische mit 25 mm Länge) ist in Abb. 2 dargestellt.

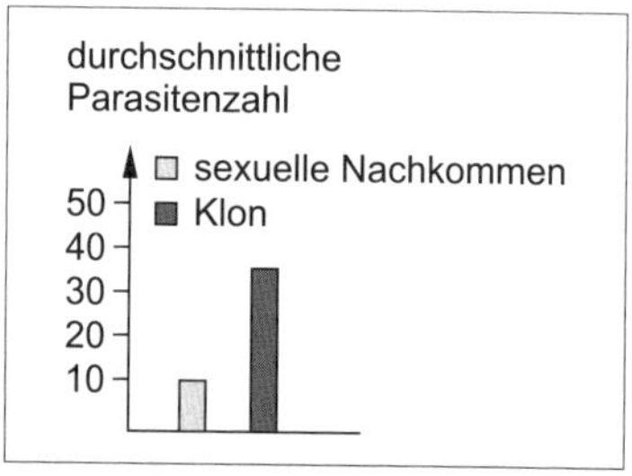

Abb. 2: Parasitenbefall bei Fischen unterschiedlicher genetischer Abstammung

2.1 Beschreiben Sie das Ergebnis der Untersuchung. Stellen Sie dieses Ergebnis dem Befund Ihrer Aussagen aus Aufgabe 1.1 gegenüber. 6

2.2 Formulieren Sie für die Ursache dieser Ergebnisse eine begründete Hypothese. 8

2.3 G. BELL verglich 1980 das diesen Forschungsergebnissen zugrunde liegende Prinzip mit einer berühmten Passage aus Lewis Carrolls „Alice hinter den Spiegeln" und nannte es in Anlehnung daran „Rote-Königin-Hypothese". Alice findet sich nämlich in eine lebendige Schachwelt versetzt, in der dieses Prinzip verbildlicht zu sein scheint: Die Rote Königin warnt Alice: *„Hierzulande musst du so schnell rennen, wie du kannst, wenn du am selben Fleck bleiben willst. – Und noch mal doppelt so schnell, wenn du irgendwo anders hingelangen möchtest!"*

Erläutern Sie die „Rote-Königin-Hypothese" am Beispiel der Wechselwirkung zwischen der Fortpflanzungsart der Teichfische und deren Parasitenbefall. 6

2.4 In einem Nachbarteich 150 m weiter flussaufwärts wurde überraschend ein völlig anderes Ergebnis gemessen (siehe Abb. 3 für das Jahr 1983). Recherchen ergaben, dass dieser Teich ein Jahr zuvor durch eine Dürre völlig ausgetrocknet und erst im Untersuchungsjahr durch eine winzige Gründerpopulation aus dem unteren Teich wiederbesiedelt worden war. Nachdem die Forscher aus einem nahe gelegenen Teich einige nicht verwandte Weibchen eingesetzt hatten, warteten sie zwei Jahre ab, bevor sie eine Nachuntersuchung vornahmen (Abb. 3, 1985).

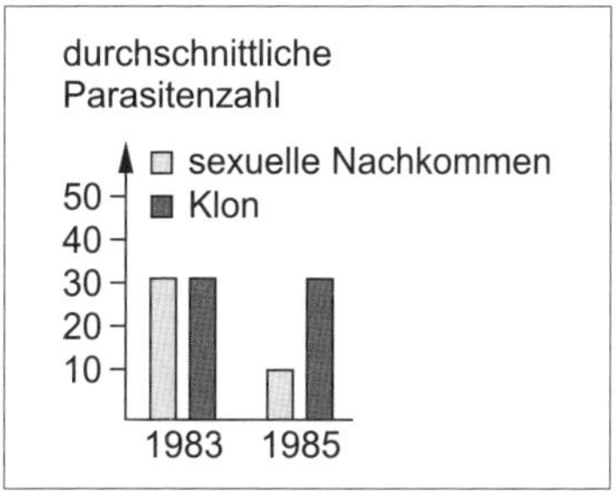

Abb. 3: Parasitenbefall 1983 und 1985

Begründen Sie die für beide Jahre unterschiedlichen Ergebnisse in Abb. 3 als Folge der beschriebenen Ereignisse. 6

3 In der wissenschaftlichen Forschung werden derzeit intensiv die Möglichkeiten erforscht, Nutztiere und Nutzpflanzen zu klonen.
Das bekannteste Beispiel des Nutztierklonens ist das Klonschaf „Dolly" (*5. Juli 1996; †14. Februar 2003). Abb. 4 zeigt schematisch vereinfacht die Methode dieser Klonierung.

3.1 Begründen Sie die Bedenken vieler Biologen gegen die systematische Klonierung von Nutztieren bzw. gegen pflanzliche Monokulturen auf der Basis der „Rote-Königin-Hypothese". 4

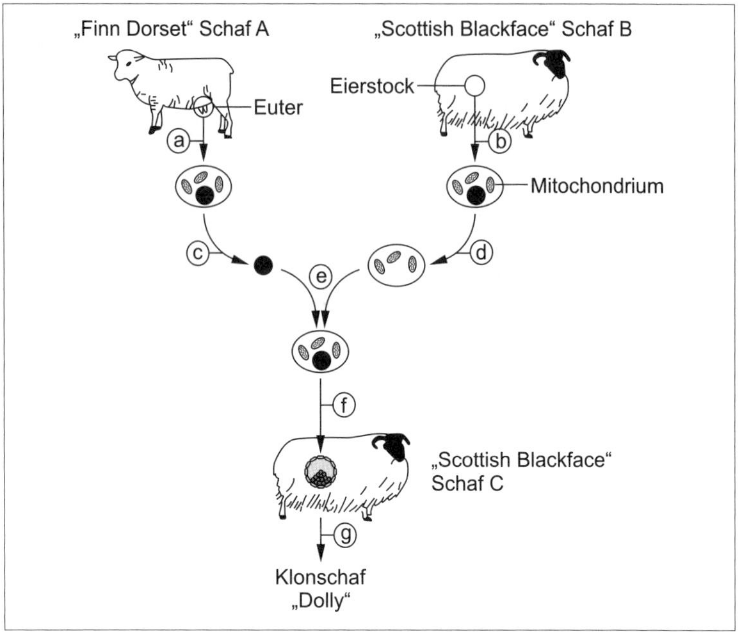

Abb. 4: Entstehung von Dolly

3.2 Beschreiben Sie den Ablauf a bis g in Abb. 4 mit Fachbegriffen. 6

3.3 Dolly hatte drei Mütter, aber keinen Vater. Benennen Sie die jeweilige Funktion der Mütter A bis C aus Abb. 4 und begründen Sie, welcher Schafrasse Dolly angehörte. 4

3.4 Begründen Sie mithilfe des Schemas (Abb. 4), dass Dolly streng genommen kein echter Klon war. 4

60

Lösung

Inhalte: Zytogenetik, geschlechtliche und ungeschlechtliche Fortpflanzung, genetische Variabilität, evolutionäre Anpassung, Koevolution, Methoden der Reproduktionsbiologie

1.1 Auswahl an Belegen aus Textabschnitt 1a: *(sechs sind verlangt)*
- Großer Materialaufwand: Hirschgeweihe, Pfauengefieder, Sportwagen
- Großer Energieaufwand: Balz, Liebeskummer
- Großer Zeitaufwand: Suche nach Geschlechtspartner
- Unsicherer Erfolg: Bestäubung nicht zielgenau, Anwesenheit von Konkurrenten

1.2 *Mitose und Meiose müssen nicht mit genauem zytologischem Ablauf bekannt sein. Ergebnis und biologischer Sinn dieser beiden Zellteilungsvorgänge müssen jedoch wiederholt werden, da sie im Zusammenhang mit DNA-Replikation, modernen Züchtungsmethoden, Reproduktionsbiologie und Evolution im hier verlangten Umfang vorausgesetzt werden.*

Der ungeschlechtlichen Fortpflanzung liegt zytologisch der Vorgang der **Mitose** zugrunde.
Deren biologische Bedeutung ist die Bildung erbgleicher Tochterzellen zum Zwecke des Wachstums, der Regeneration und der ungeschlechtlichen (vegetativen) Fortpflanzung.
Der geschlechtlichen (sexuellen) Fortpflanzung liegen zwei zytologische Vorgänge zugrunde: **Meiose und Befruchtung**.
Die biologische Bedeutung der Meiose liegt in der Bildung von erbungleichen (Rekombination) und haploiden (halbe Chromosomenzahl) Keimzellen.
Die biologische Bedeutung der Befruchtung ist die Verschmelzung der haploiden Keimzellen zu einer diploiden Zygote.

1.3 „Zweifache Kosten von Sex":

1 Nur die Weibchen sorgen für und sorgen sich i. d. R. um den Nachwuchs. Es pflanzen sich daher nur 50 % der Artgenossen fort gegenüber 100 % bei der ungeschlechtlichen Fortpflanzung.

2 Die Weibchen sind mit ihrem Nachwuchs nur zu 50 % genetisch identisch. Bei der ungeschlechtlichen Fortpflanzung sind sie mit ihren Nachkommen zu 100 % erbgleich.

1.4 Definition Klon: die durch ungeschlechtliche Vermehrung entstandene, genetisch identische Nachkommenschaft von Lebewesen (bzw. von Zellen)

2.1 Ergebnis: Von den untersuchten Fischen (einer bestimmten Körperlänge) hatten die sexuell gezeugten Fische durchschnittlich 10 schwarze Pigmentflecke (d. h. Wurmparasiten); die ungeschlechtlich vermehrten Fische waren von durchschnittlich 35 Wurmparasiten befallen. Somit sind die Nachkommen aus der sexuellen Fortpflanzung deutlich seltener von Parasiten befallen als die geklonten Fische.
Gegenüberstellung zu Aussagen aus Aufgabe 1.1: Die sexuelle Fortpflanzung scheint nicht nur (die in der Lösung zu Aufgabe 1.1 beschriebenen) Nachteile zu haben. Der größere Aufwand der sexuellen Fortpflanzung lohnt sich, da er lebenswichtige Vorteile im Kampf gegen Krankheitserreger bringt.

2.2 Deutung: Die **sexuelle Fortpflanzung** bewirkt, dass die Nachkommen genetische Varianten der Eltern sind. Sowohl bei der Meiose (Zufallsverteilung der väterlichen und mütterlichen Homologen in der Reduktionsteilung (+ Crossing-over-Ereignisse)) als auch bei der Befruchtung (Zufallskombinationen aller möglichen Keimzellvarianten) kommt es zu Neukombination von Erbgut (= Rekombination). Dadurch werden die Nachkommen mit ständig neuen Genkombinationen ausgestattet. Im Teich gab es daher immer genügend Rekombinanten, die einen Parasiten erfolgreich abwehren konnten, sodass nur wenige Wurmparasiten in die Haut der Fische eindringen konnten.

Die **ungeschlechtliche Fortpflanzung** produziert genetisch identische Nachkommen (ausgenommen Mutationen). Ein Parasit, der sich an eine Wirtsart erfolgreich angepasst hat, kann also die geklonten Nachkommen leicht infizieren. So ist auch die hohe Zahl der in die Haut der Klonfische eingedrungenen Wurmparasiten (viele schwarze Pigmentflecke) zu erklären.

2.3 Eine Wirtsart muss sich ständig neu anpassen, um gegenüber einer Parasitenart bestehen zu können – und umgekehrt. Nur wenn beide „in ständiger Bewegung" sind, d. h. sich ständig genetisch verändern, bleiben sie „an derselben Stelle stehen", d. h., können sich jeweils in ihrer ökologischen Nische behaupten.
Die ständige Veränderung ist die Folge der Rekombination des Erbguts bei sexuell entstandenen Nachkommen. Die sexuelle Fortpflanzung ist also trotz der genannten Nachteile unentbehrlich für die Evolution der Lebewesen. Fische, die sich nur ungeschlechtlich vermehren könnten, würden „stehen bleiben", d. h. keine neuen Genkombinationen hervorbringen.

2.4 1983: Es gibt kaum einen Unterschied im Parasitenbefall bezüglich der Fortpflanzungsart.
Deutung: Der Teich wurde nur von ganz wenigen Individuen wiederbesiedelt (Gründerpopulation) – im Extremfall von einem „schwangeren" Weibchen. Für die sexuelle Fortpflanzung in dieser Minipopulation bedeutete das zwangsläufig, dass **Inzucht** auftrat. Die Paarung mit eng verwandten Partnern führte zu

zunehmender Reinerbigkeit (Homozygotisierung), sodass es zur Abnahme der genetischen Vielfalt kam: Die sexuell entstandenen Fische waren sich untereinander genetisch (fast) so ähnlich wie die klonierten Nachkommen. Man beobachtete den gleich hohen Parasitenanteil bei beiden Fortpflanzungsarten.
1985: Die sexuell entstandenen Nachkommen sind deutlich seltener von Parasiten befallen.
Deutung: In der Zwischenzeit erfolgte sexuelle Fortpflanzung mit den neu eingesetzten Weibchen, die sich genetisch von den Gründerindividuen unterschieden. Die genetische Vielfalt wurde wieder erreicht. Die sexuelle Fortpflanzung erwies sich wieder als die bessere Fortpflanzungsstrategie im Kampf gegen die Parasiten.

3.1 Ein neuer Parasit oder eine kleine Umweltänderung kann zu Massensterben führen, da alle Individuen erbgleich sind.

3.2 Ablauf der Klonierung:
- Entnahme einer Zelle (a) aus dem Euter eines erwachsenen Schafes der Rasse „Finn Dorset“
- Entnahme des Zellkerns (c)
- Entnahme einer reifen Eizelle (b) aus dem Eierstock eines Schafes der Rasse „Scottish Blackface“
- Entkernung der Eizelle (d)
- Einfügen des Zellkerns der Euterzelle in die entkernte Eizelle (e)
- Einsetzen der Zygote in die Gebärmutter eines Schafes der Rasse „Scottish Blackface“ (f)
- Embryonal-Entwicklung von der Zygote zum Embryo (Blastozyste) und bis zur Geburt (g)
- Geburt von Dolly

3.3 Mutter A: Kern-Spenderin (genetische Mutter).
Mutter B: Ei-Spenderin (Mitochondrien-Spenderin).
Mutter C: Leihmutter (biologische Mutter (nach dt. Recht)).
Dolly gehört zur gleichen Rasse wie die Kern-Spenderin: „Finn Dorset“.

3.4 Die Zellen von Dolly sind genetisch nicht identisch mit den Zellen der Kern-Spenderin: Die Erbinformation einer Zelle liegt zwar hauptsächlich im Kern vor, aber auch die Mitochondrien enthalten eigene DNA (**mtDNA**, diese ist verantwortlich für die selbstständige Vermehrung der Mitochondrien und für wichtige Prozesse im Energiestoffwechsel). Diese mtDNA stammt nicht von der Kern-Spenderin sondern von der Ei-Spenderin.

Klausuren Biologie
Klausur 11: Neurobiologie (Bearbeitungszeit: 60 min)

***Dendrobatidae* – die Familie der Baumsteigerfrösche** Punkte

1 Die Familie der Baumsteigerfrösche umfasst 170 verschiedene, mit 0,1 bis 5 cm Größe zwar recht kleine, aber sehr farbenfrohe Arten. Viele dieser Arten leiden unter Chytridiomykose, einer Erkrankung, die durch einen Pilzbefall ausgelöst wird. Der Krankheitserreger behindert die Aufnahme von Elektrolytsalzen über die Haut der Baumsteigerfrösche und senkt damit die Konzentration verschiedener Ionen in dem die Nervenzellen umgebenden, extrazellulären Medium stetig. Bei vielen Fröschen nimmt im Verlauf einer Chytridiomykose die Natriumionenkonzentration um 20 %, die Kaliumionenkonzentration sogar um 50 % ab.

1.1 Fertigen Sie eine beschriftete schematische Skizze eines Neurons an. 5

1.2 Erstellen Sie ein beschriftetes Diagramm, das den zeitlichen Verlauf der Membranpotenzialänderung an der Axonmembran eines Frosches ohne Chytridiomykose nach einem überschwelligen Reiz darstellt. Benennen Sie außerdem die einzelnen Phasen. 4

1.3 Erklären Sie anhand der Ionentheorie das Zustandekommen des Ruhepotenzials bei einem Frosch ohne Chytridiomykose sowie den Einfluss der Verringerung der genannten Ionen auf das Ruhepotenzial bei einem an Chytridiomykose erkrankten Baumsteigerfrosch. 8

1.4 Chytridiomykosen verlaufen häufig tödlich. Stellen Sie eine begründete Hypothese darüber auf, woran die mit dem Pilz befallenen Frösche sterben könnten. 3

2 Die Verbindungsstelle zwischen einem Neuron und einer Nerven-, Muskel- oder Drüsenzelle wird als Synapse bezeichnet.

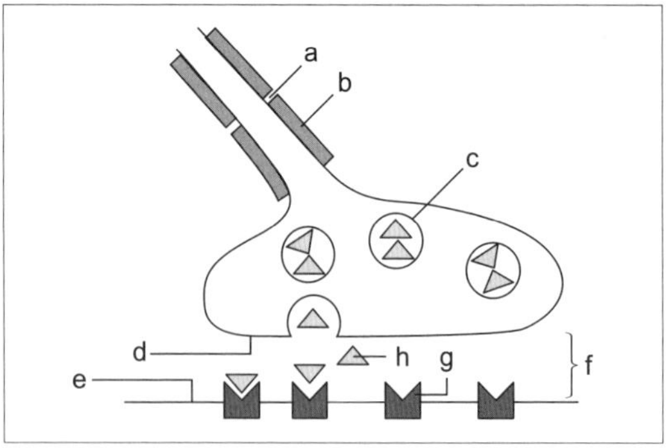

Abb. 1: Schematische Darstellung einer Synapse

2.1 Benennen Sie in Abb. 1 die mit a bis h gekennzeichneten Strukturen. 4

2.2 Begründen Sie kurz, ob die Schemazeichnung eine Synapse eines Baumsteigerfrosches darstellen könnte. 2

2.3 Im Nervensystem kommen zwei wichtige Typen von Synapsen vor, die eine Verrechnung der Impulse, die ein Neuron erhält, ermöglichen.
Überprüfen Sie die nachfolgenden Behauptungen und entscheiden Sie durch Ankreuzen, ob diese richtig sind. *(Falsche Antworten führen zu Punktabzug.)* 2

- ☐ Erregende Synapsen erzeugen in der nachfolgenden Zelle ein PSP.
- ☐ Bei erregenden Synapsen handelt es sich um spannungsgesteuerte Natriumionenkanäle.
- ☐ Hemmende Synapsen bewirken in der nachfolgenden Zelle eine Hyperpolarisation.
- ☐ Bei hemmenden Synapsen können die Rezeptoren Kalium- oder Chloridionenkanäle steuern.

3 Die Familie der Baumsteigerfrösche wird im deutschsprachigen Raum auch fälschlicherweise Pfeilgiftfrösche genannt. Die deutsche Bezeichnung ist jedoch irreführend, da die Indios Südamerikas im Allgemeinen nur drei Arten der Gattung *Phyllobates* für die Gewinnung von Pfeilgift nutzen. Dazu entziehen sie den Fröschen die über Hautdrüsen ausgeschiedenen Nervengifte.
Für die nachstehenden Gifte tierischen oder pflanzlichen Ursprungs sind an Wirbeltieren folgende primäre Wirkungen nachgewiesen worden:

a) Batrachotoxin (Baumsteigerfrosch): verhindert irreversibel die Inaktivierung spannungsabhängiger Natriumionenkanäle
b) Galantamin (Schneeglöckchen): reversible Blockierung der Acetylcholinesterase
c) Strophanthin (Strophanthus-Samen): Hemmung der Natrium-Kalium-Pumpe in der Zellmembran der Axone
d) Curare (Rinde von Lianen): reversible Blockierung der Rezeptoren ligandenabhängiger Natriumionenkanäle

3.1 Erklären Sie jeweils, wo genau und mit welchen Folgen an den Nerven bzw. Muskeln diese Gifte die Erregungsleitung bzw. -übertragung beeinflussen und wie sich diese auf die Muskelkontraktion auswirken können. 10

3.2 Tetrodotoxin, das Gift des Kugelfisches, blockiert im Nervensystem von Wirbeltieren spannungsabhängige Natriumionenkanäle.
Erklären Sie den Begriff „Antagonist" und ordnen Sie begründet zu, zu welchem der genannten Gifte Tetrodotoxin als Antagonist wirkt. 4

42

Lösung

Inhalte: Bau eines Neurons, Zustandekommen des Ruhepotenzials, Ablauf bzw. Weiterleitung eines Aktionspotenzials, Bau bzw. Funktion einer neuromuskulären Synapse und die Wirkung von Synapsengiften, Agonist und Antagonist

1.1

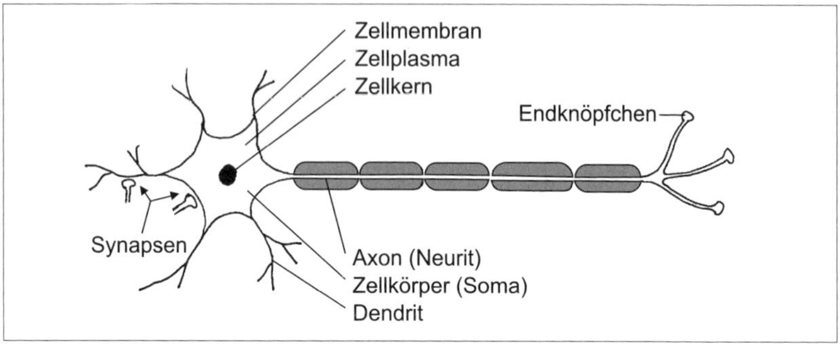

1.2

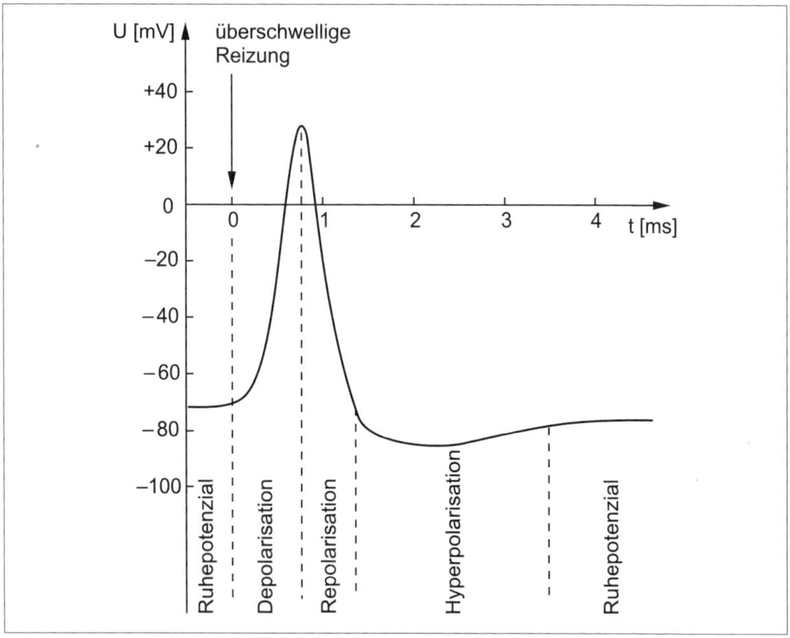

1.3 Das Ruhepotenzial entsteht durch die **unterschiedlichen Ionenkonzentrationen** zu beiden Seiten der Membran: Die Kaliumionenkonzentration ist im Inneren hoch, ebenso die der (negativ geladenen) organischen Anionen, während die Natrium- bzw. Chloridionenkonzentrationen im Zellinneren niedrig sind.
Die Kaliumionen strömen entlang des Konzentrationsgefälles aufgrund der **selektiven Permeabilität** der Membran aus. Da die Membran für die großen organischen Anionen undurchlässig ist, bleiben diese im Inneren zurück. Durch die **Ladungstrennung**, an der auch die Na-Ka-Pumpe beteiligt ist, kommt es zum Aufbau einer elektrischen Potenzialdifferenz, dem Ruhepotenzial.
Sind in der Umgebung des Axons weniger Kaliumionen vorhanden, sinkt das Ruhepotenzial beim erkrankten Frosch unter den normalen Wert von ca. – 70 mV.

1.4 Aktionspotenziale sind schwerer auszulösen, folglich werden an den Synapsen nicht genügend Transmitter ausgeschüttet (oder: Erregungen nicht weitergeleitet) und lebenswichtige Muskeln (Herz, Atemhilfsmuskulatur) werden nicht mehr kontrahiert (reagieren nicht mehr auf Reize).

Es ist noch nicht eindeutig geklärt, welche der starken Beeinträchtigungen des Gas-, Flüssigkeits- und Mineralstoffwechsels zum Tod der betroffenen Amphibien führen.

2.1
- a Ranvierscher Schnürring
- b Schwannsche Zelle
- c Vesikel
- d präsynaptische Membran
- e postsynaptische Membran
- f synaptischer Spalt
- g Rezeptor
- h Transmitter

2.2 Ja, da nur Wirbeltiere und damit auch Frösche markhaltige Nervenfasern (oder: Schwannsche Zellen mit Ranvierschen Schnürringen) ausbilden.

2.3
- [x] Erregende Synapsen erzeugen in der nachfolgenden Zelle ein PSP.
- [ ] Bei erregenden Synapsen handelt es sich um spannungsgesteuerte Natriumionenkanäle.
- [x] Hemmende Synapsen bewirken in der nachfolgenden Zelle eine Hyperpolarisation.
- [x] Bei hemmenden Synapsen können die Rezeptoren Kalium- oder Chloridionenkanäle steuern.

3.1 a) Batrachotoxin verhindert die Inaktivierung der **spannungsgesteuerten Natriumionenkanäle** an den Axonen. Damit bleiben die Natriumionenkanäle ständig geöffnet und es kommt zu einem verstärkten Einstrom von Na^+-Ionen. Die daraus folgende dauerhafte Depolarisation verhindert die Erregungsleitung nachfolgender Nervenimpulse und führt dadurch zu einer starren Lähmung, also einer Dauerkontraktion der Muskulatur.

b) Galantamin wirkt an der **postsynaptischen Membran**. Durch die Hemmung der Acetylcholinesterase erfolgt keine ACh-Spaltung mehr. Die Konzentration von ACh im synaptischen Spalt bleibt hoch bzw. erhöht sich, sodass die Rezeptoren dauerhaft besetzt werden. Daraus resultiert eine Dauerkontraktion des Muskels, also eine starre Lähmung.

c) Strophanthin hemmt die **Natrium-Kalium-Pumpe** in der Zellmembran der Axone. Nach einem Aktionspotenzial stellt sich also das Ruhepotenzial nicht mehr ein, was die Erregungsleitung nachfolgender Nervenimpulse verhindert und dadurch zu einer schlaffen Lähmung der Muskulatur führt.

d) Curare wirkt an der **post-** bzw. **subsynaptischen Membran** der Synapse und verhindert die Bindung von Acetylcholin an die Rezeptoren ligandenabhängiger Natriumionenkanäle. Dadurch öffnen sich diese Kanäle nicht und somit ist auch kein Na^+-Einstrom möglich. Es können keine Muskel-APs bzw. -PSPs ausgelöst werden. Dies hat eine schlaffe Lähmung der Muskulatur zur Folge.

3.2 Antagonisten sind Substanzen, die den Wirkstoffen (= Agonisten) entgegenwirken.
Tetrodotoxin wirkt als Antagonist zu **Batrachotoxin**, da es die spannungsabhängigen Natriumionenkanäle blockiert und so die dauerhafte Aktivierung der Kanäle durch Batrachotoxin verhindert.

Klausuren Biologie
Klausur 12: Neurobiologie (Bearbeitungszeit: 135 min)

Neuronale Integration Punkte

1 Für die Signalverarbeitung und die kontrollierte Weitergabe von Information spielt die Art der Verschaltung von Neuronen eine entscheidende Rolle. Abb. 1 zeigt als Beispiel für einen Verrechnungsmechanismus zwischen Neuronen schematisch eine sogenannte **präsynaptische Inhibition**.

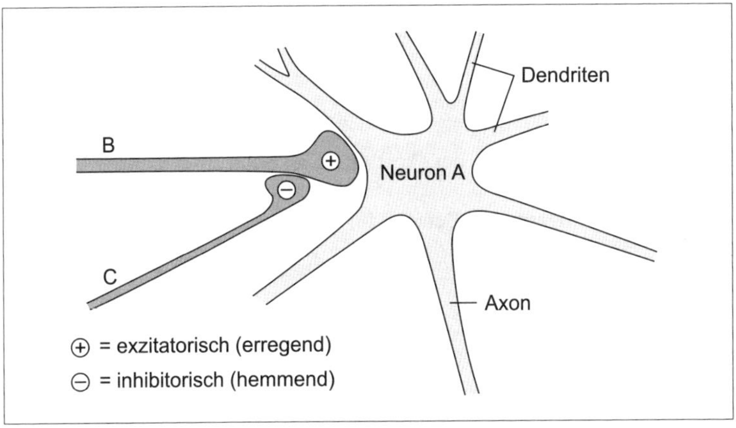

Abb. 1: Schematische Darstellung der präsynaptischen Inhibition

1.1 Erläutern Sie für die Fälle a und b den in Abb. 1 dargestellten Zusammenhang im Hinblick auf die Entstehung eines Aktionspotenzials (AP) in Neuron A.
a) Das hemmende Neuron C ist nicht aktiv.
b) Das hemmende Neuron C ist aktiv. 8

1.2 In Tab. 1 sind vereinfacht drei mögliche Typen für neuronale Verschaltungen angegeben, an denen jeweils zwei präsynaptische (A und B in Tab. 1) und ein postsynaptisches Neuron beteiligt sind.
Leiten Sie aus Abb. 1 eine Charakterisierung für eine präsynaptische Inhibition ab und überprüfen Sie, ob die präsynaptische Inhibition auch in einem der Verschaltungstypen in Tab. 1 veranschaulicht ist. 9
Ermitteln Sie die Art der Verschaltung für eine **postsynaptische Inhibition**. 3

An der Verschaltung beteiligte vorgeschaltete Neuronen	Relative Höhe des Schwellenwertes des nachgeschalteten Neurons	Anzahl der APs im nachgeschalteten Neuron pro Impuls der vorgeschalteten Neuronen
Typ 1: erregendes Neuron A + erregendes Neuron B	hoch	1
Typ 2: erregendes Neuron A oder erregendes Neuron B	niedrig	2
Typ 3: erregendes Neuron A + hemmendes Neuron B	nicht relevant	0

Tab. 1: Typen neuronaler Verschaltungsmuster

2 In Abb. 2 ist schematisch der Acetylcholinstoffwechsel eines Motoneurons dargestellt.
Abb. 3 gibt ein allgemeines Beispiel für die Antwort einer Nervenfaser auf drei unterschiedlich hohe Reizintensitäten wieder.

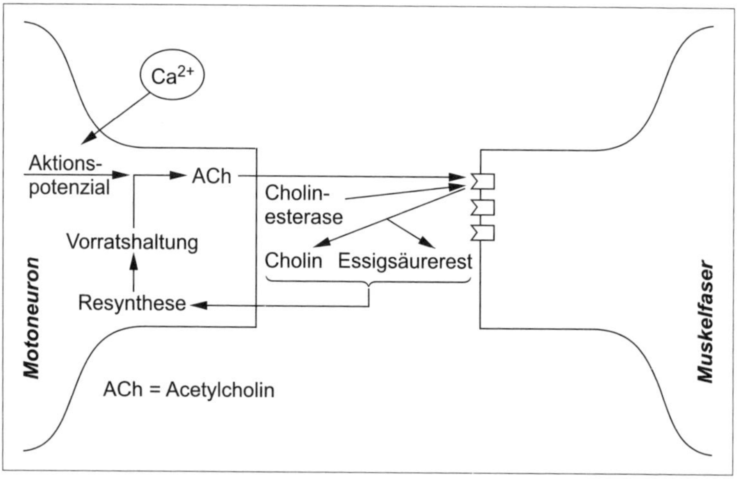

Abb. 2. Acetylcholinstoffwechsel an der motorischen Endplatte

2.1 Erläutern Sie die Funktionsweise einer chemischen Synapse anhand von Abb. 2. 8

2.2 Analysieren Sie Abb. 2 und Abb. 3 im Hinblick darauf, wie Signale codiert werden, und erörtern Sie Vor- und Nachteile des jeweiligen Prinzips. 12

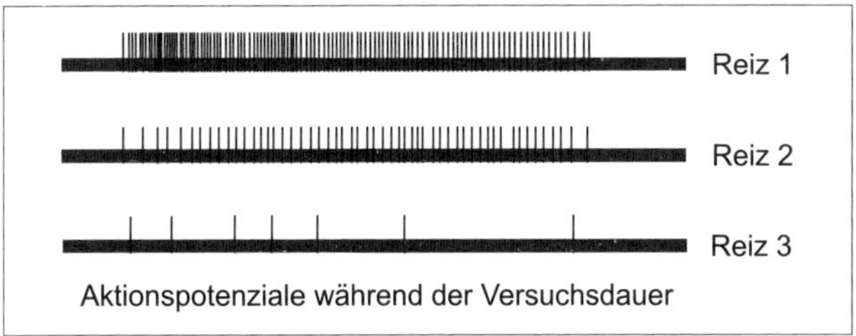

Abb. 3: Nervenfaserantwort auf Reize unterschiedlicher Stärke

3 Neostigmin, ein Cholinesterasehemmer, ist ein in der Neurologie verwendeter Stoff, der u. a. zur Behandlung einer **Myasthenie** eingesetzt wird. Bei der *Myasthenia gravis* handelt es sich um eine Autoimmunerkrankung, bei der die neuromuskuläre Reizübertragung gestört ist. Im Blutserum befindliche Antikörper bewirken eine reversible Blockade von Acetylcholinrezeptoren der motorischen Endplatte. Eine der lebensbedrohlichen Folgen einer Myasthenie kann schließlich eine Atemlähmung sein.

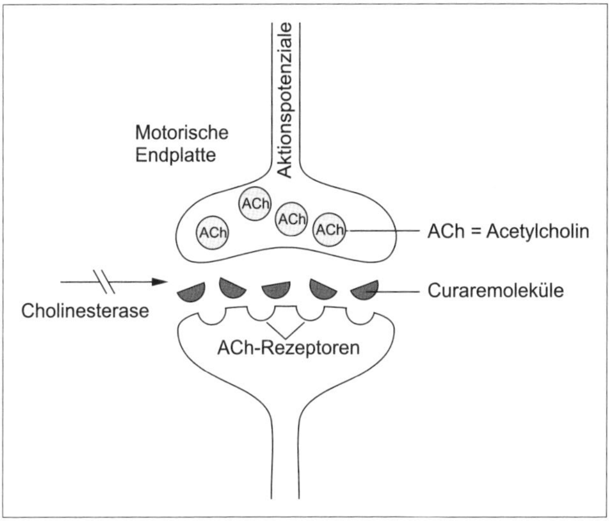

Abb. 4: Wirkungsweise von Curare

3.1 Erklären Sie, warum Neostigmin zur Bekämpfung der Symptome der *Myasthenia gravis* geeignet ist. 6

3.2 Beschreiben Sie die Wirkungsweise von Curare (Abb. 4) und nehmen Sie Stellung zum Vorschlag eines Medizinstudenten, der einen Patienten mit einer Curarevergiftung mit Neostigmin behandeln möchte. 10

56

Lösung

Inhalte: Bau und Funktion eines Motoneurons, Wirkungsweise erregender und hemmender Neuronen, modellhafte Verschaltungsprinzipien „Und-", „Oder-", „Nein-Schaltung", analoge und digitale Codierung, kompetitive Wirkung von Curare

1.1 Wenn das hemmende Neuron C nicht aktiv ist, werden vom erregenden Neuron B alle Aktionspotenziale an das Folgeneuron A weitergegeben. Dies geschieht über die Ausschüttung von Transmittern, die ein vergleichsweise hohes exzitatorisches (erregendes) postsynaptisches Potenzial (EPSP) an der postsynaptischen Membran auslösen. Das aktive hemmende Neuron C sorgt dafür, dass die Transmitterfreisetzung aus dem erregenden Neuron B abgeschwächt wird und im Folgeneuron A nur ein schwaches oder kein PSP ausgelöst wird. Hier wird die ursprüngliche Impulsfolge reduziert oder die Erregungsweiterleitung ganz verhindert.

1.2 Mit **präsynaptischer Inhibition** wird eine Verminderung der Impulsfrequenz oder Verhinderung der AP-Weiterleitung von einem Neuron auf ein Folgeneuron bezeichnet, die vor dem synaptischen Übertragungsmechanismus greift. Dabei wird ein am Folgeneuron ansetzendes erregendes Neuron durch die Aktivität eines weiteren Neurons an der Transmitterfreisetzung gehindert. Keiner der Verschaltungstypen aus Tab. 1 beschreibt eine präsynaptische Inhibition. Während bei Typ 1 wegen des relativ hohen Schwellenwertes des Folgeneurons zwei erregende Neuronen aktiv sein müssen, damit dort ein Aktionspotenzial entstehen kann, führt die Impulsübertragung aus zwei erregenden Neuronen bei einem niedrigen Schwellenwert (Typ 2) zu zwei Aktionspotenzialen. Bei Typ 3 heben sich die Wirkungen des erregenden und hemmenden Neurons auf, sodass keine messbare Reaktion im Axon des nachgeschalteten Neurons eintritt.
Bei einer **postsynaptischen Inhibition** liegt eine Verschaltung gemäß Typ 3 vor, wobei die beteiligten Neuronen direkt an den Dendriten des Folgeneurons ansetzen und die Hemmung nach der synaptischen Übertragung an der Postsynapse stattfindet. Dabei ist das „1:1-Verhältnis" zwischen erregend und hemmend nur modellhaft zu verstehen. In der Realität wirken mehrere Neuronen beider Typen zusammen.

Die präsynaptische Inhibition kommt beispielsweise bei axo-axonalen Synapsen an inhibitorischen Interneuronen vor, deren Dendriten auf GABA reagieren. Derartige Schaltneuronen befinden sich im Rückenmark und sind dort Motoneuronen vorgeschaltet. Damit können selektiv Signale unterbunden werden, ohne die Gesamterregbarkeit des betreffenden Motoneurons zu beeinflussen.

2.1 Die im synaptischen Endknöpfchen des Motoneurons auflaufenden Aktionspotenziale bewirken durch Öffnung der spannungsgesteuerten Calciumionenkanäle den Einstrom von Ca^{2+}-Ionen. Aufgrund der nun angestiegenen Calciumionenkonzentration verschmelzen die als Vorrat im präsynaptischen Bereich befindlichen Acetylcholinvesikel mit der präsynaptischen Membran. Sie entleeren ihren Inhalt in den synaptischen Spalt. Das Acetylcholin diffundiert durch den synaptischen Spalt zur postsynaptischen Membran, wo es Rezeptormoleküle besetzt, die für eine Konformationsänderung der dortigen Ionenkanäle sorgen. Die Ionenpermeabilität der Membran wird somit verändert. Bei einer Muskelfaser kommt es so zum Einstrom von Natriumionen. Im nächsten Schritt werden die Acetylcholinmoleküle durch das Enzym Cholinesterase gespalten, sodass sie nicht mehr für die Besetzung der Rezeptoren zur Verfügung stehen und die Ionenkanäle wieder ihre ursprüngliche Raumstruktur annehmen können. Die Spaltprodukte, Cholin und der Essigsäurerest, werden aktiv wieder in die synaptische Endigung aufgenommen, zu Acetylcholin resynthetisiert und erneut in Vesikeln eingeschlossen.

2.2 Da die Menge an einströmenden Ca^{2+}-Ionen sowie die der freigesetzten Acetylcholinmoleküle proportional zur Aktionspotenzialfrequenz ist, handelt es sich im synaptischen Bereich um eine **analoge** Codierung. Demgegenüber erfolgt in der nachgeschalteten Zelle bei der Übersetzung der Erregung in Aktionspotenziale die Codierung **digital**. Die Dichte der aufeinanderfolgenden Aktionspotenziale richtet sich nach der Reizstärke. Je höher diese ist, desto höher ist die Aktionspotenzialfrequenz, d. h., desto geringer sind die Abstände zwischen den einzelnen Aktionspotenzialen. Diese Frequenzmodulation lässt sich gut im Vergleich der Reizantworten zu Reiz 1 und 3 in Abb. 3 erkennen.
Der Vorteil der analogen Codierung im synaptischen Bereich liegt darin, dass durch die proportionale Umsetzung eines elektrischen in ein chemisches Signal der Spalt überwunden und so die Folgezelle aktiviert werden kann. Damit ist eine der Erregungsstärke angepasste, verlustfreie Signalübertragung gewährleistet, die aufgrund ihrer Unterteilung in einzelne chemische Vorgänge auch gut regulierbar ist. Nachteile dabei sind, dass eine zeitliche Verzögerung der Signalweitergabe eintritt und dass dieses System wegen der Beteiligung chemischer Stoffe störungsanfällig ist. Eine Unterversorgung mit Synthesestoffen oder Fehler in der Enzymausstattung könnten hier beispielsweise als Störfaktoren wirken.
Die digitale Codierung per Frequenzmodulation garantiert eine eindeutige Informationsverarbeitung mit „Überlastungsschutz“, denn die Entstehung der Aktionspotenziale folgt dem „Alles-oder-Nichts-Gesetz“, wonach die Amplituden der Aktionspotenziale immer gleich hoch sind. Eine unphysiologisch hohe Reizstärke spiegelt sich also lediglich in der Frequenz der Aktionspotenziale wider. Zudem entfällt bei dieser Form der Codierung auf dem Axon die ständige Spaltung und Resynthese der beteiligten chemischen Substanzen. Es handelt sich hier nur um Ionen, die mit der Nahrung in den Körper gelangen und nicht mehr „umgebaut“ werden müssen.

3.1 Die Blockade der Rezeptoren der motorischen Endplatte verhindert, dass sich Acetylcholin dort anlagern kann. Folglich unterbleibt die Impulsübertragung zu den nachgeschalteten Muskelzellen, was tödlich ist, wenn die Atemmuskulatur betroffen ist. Falls nun Neostigmin die Spaltung von Acetylcholin verhindert, da sie die Cholinesterase in ihrer Wirkung hemmt, steigt die Acetylcholinkonzentration im synaptischen Spalt. Die Chance, dass doch Acetylcholinmoleküle an die Rezeptoren binden, wird dadurch erhöht. Diese Wirkungsweise wird durch die Aussage „reversible Blockade“, wie als Information unter 3 angegeben, gestützt.

3.2 Im synaptischen Spalt konkurrieren Curaremoleküle mit Acetylcholinmolekülen um das Besetzen der Acetylcholinrezeptoren. Curare verhindert daher **kompetitiv** und **reversibel** die Anlagerung von Acetylcholin, sodass es zu keiner Impulsübertragung auf die nachgeschalteten Muskelzellen kommen kann. Es kann jedoch von der Cholinesterase nicht gespalten werden. Infolgedessen kommt es zu einer Lähmung der betroffenen Muskelfasern.
Da Neostigmin die Acetylcholinspaltung unterbindet, wird dadurch die Acetylcholinkonzentration erhöht. Die Acetylcholinmoleküle können folglich mit erhöhter Wahrscheinlichkeit die Curaremoleküle von den Rezeptoren verdrängen und Signale werden weitergegeben. Der Medizinstudent hat somit einen sinnvollen Therapievorschlag gemacht.

Klausuren Biologie
Klausur 13: Immunbiologie (Bearbeitungszeit: 135 min)

Das menschliche Immunsystem – die Kriminalpolizei unseres Körpers Punkte

1 Unser Immunsystem umfasst eine Vielzahl körpereigener Abwehrmechanismen, deren genau koordiniertes Zusammenwirken einen Schutz gegen Krankheitserreger wie z. B. Bakterien und Viren bietet. Der folgende Text schildert vier Situationen aus dem privaten und beruflichen Alltag, die mit bestimmten Komponenten und Eigenschaften unseres Immunsystems vergleichbar sind.

Situation 1:
Ein frisch verheiratetes Ehepaar hat zur Hochzeit von Verwandten eine Grundausstattung an Reinigungsgeräten für seinen Haushalt geschenkt bekommen. Damit lassen sich jedoch nur die wichtigsten Arbeiten im Haushalt erledigen.

Situation 2:
Im Laufe der Jahre wird der Haushalt fortwährend um moderne Geräte ergänzt, für die es zur fachgerechten Nutzung der Übung bedarf, z. B. eine Waschmaschine, die diverse Waschprogramme ermöglicht.

Situation 3:
Der Kriminalpolizei stehen die modernsten Geräte, Techniken und Kriminallabors zur Verfügung, um auch solche Straftaten aufzuklären, die zunächst unlösbar scheinen. Alle Mitarbeiter haben zwar ausgezeichnete Abschlüsse, aber es ist schon einige Zeit her, seit sie durch Nachschulungen auf den neuesten Stand gebracht wurden, sodass die Aufklärung eines besonders schwierigen Falles misslingt.

Situation 4:
Um zukünftig auch schwierige Fälle aufklären zu können, werden ab sofort alle Mitarbeiter der Kripo verpflichtet, den jeweils aktuellen Fortbildungskurs aus ihrem Arbeitsbereich zu absolvieren. In die meisten Kurse sind Praxisanteile integriert, die den Mitarbeiter vor eine für ihn neue Situation stellen und ihn so für den Ernstfall fit machen. Andere Veranstaltungen sind eher theoretisch ausgerichtet und der Teilnehmer erhält einen genauen Ablaufplan für erfahrungsgemäß eintretende Fälle.

Abb. 1 veranschaulicht schematisch die Reifung von Lymphozyten.

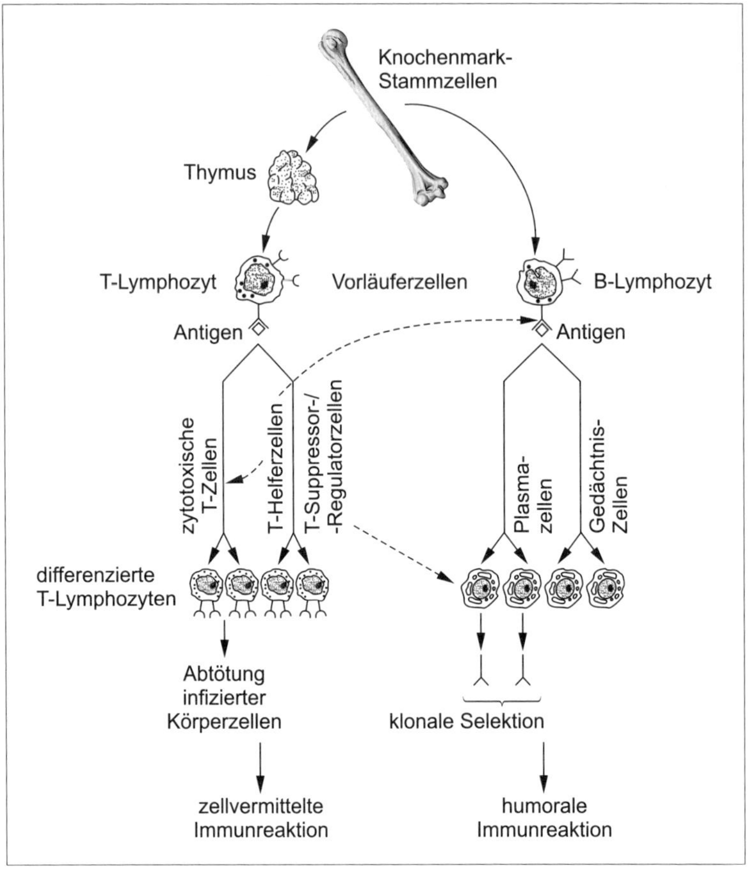

Abb. 1: Lymphozytenreifung

1.1 Übertragen Sie die Alltagssituationen unter 1 auf die ihnen jeweils entsprechenden Eigenschaften und Komponenten des menschlichen Immunsystems und beschreiben Sie die immunbiologischen Hintergründe unter Verwendung der Fachsprache. 12

1.2 Stellen Sie anhand von Abb. 1 den Ablauf einer zellvermittelten und humoralen Immunreaktion als Fließdiagramm dar. Ergänzen Sie dabei auch maßgebliche, hier nicht veranschaulichte Details. 10

2 Abb. 2 zeigt als Beispiel für eine Immunreaktion die Folgen einer Rhesusunverträglichkeit bei einer Zweitschwangerschaft einer rhesusnegativen Mutter.

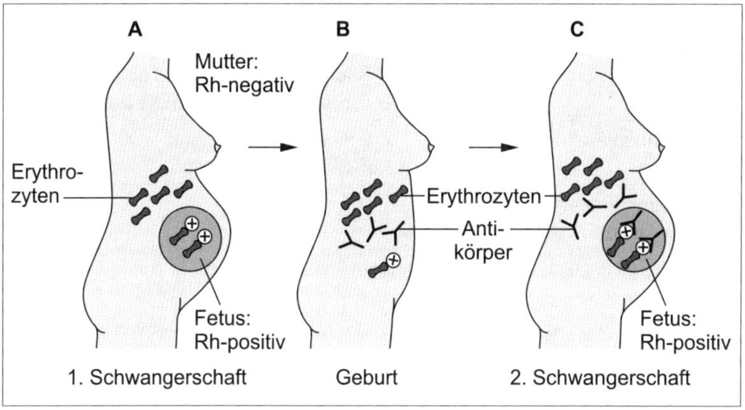

Abb. 2: Rhesusunverträglichkeit

2.1 Erklären Sie die in Abb. 2 dargestellten Zusammenhänge und leiten Sie die Folgen ab, die sich für das zweite Kind ergeben. 8
Machen Sie einen Therapievorschlag zur prophylaktischen (vorsorgenden) Unterbindung der in Abb. 2 illustrierten Folgen. 4

2.2 Stellen Sie einen Zusammenhang zwischen der Aussage von Abb. 2 und dem entsprechenden Bereich in Abb. 1 her. Begründen Sie Ihre Ausführungen. 6

3 Sogenannte Autoantikörper, die bei Autoimmunerkrankungen wirksam werden, richten sich je nach Erkrankung gegen unterschiedliche Bestandteile des Körpers (Abb. 3).
In Tab. 1 sind einige konkrete Beispiele für Autoimmunkrankheiten und deren spezifisch wirksame Autoantikörper aufgelistet.

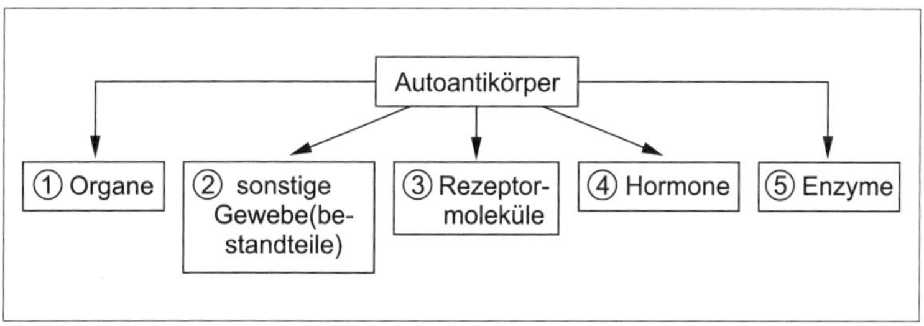

Abb. 3: Wirkorte von Autoantikörpern

Autoimmunerkrankung	Antikörper gegen
1. Diabetes Typ 1	A Inselzellen der Bauchspeicheldrüse B Insulin C Glutamatdecarboxylase
2. Basedowsche Krankheit	D Thyreotropinrezeptor (Thyreotropin ist am Wachstum und der Hormonbildung der Schilddrüse beteiligt.)
3. Myasthenie	E Acetylcholinrezeptor F Skelettmuskelzellen
4. Autoimmunhämolytische Anämie	G Erythrozyten

Tab. 1: Beispiele für Autoimmunerkrankungen und deren spezifische Antikörper

3.1 Ordnen Sie die Antikörpertypen A–G aus Tab. 1 dem jeweiligen Wirkungsbereich aus Abb. 3 begründet zu und leiten Sie je eine Aussage zu möglichen Folgen der Antikörperreaktionen ab. 14

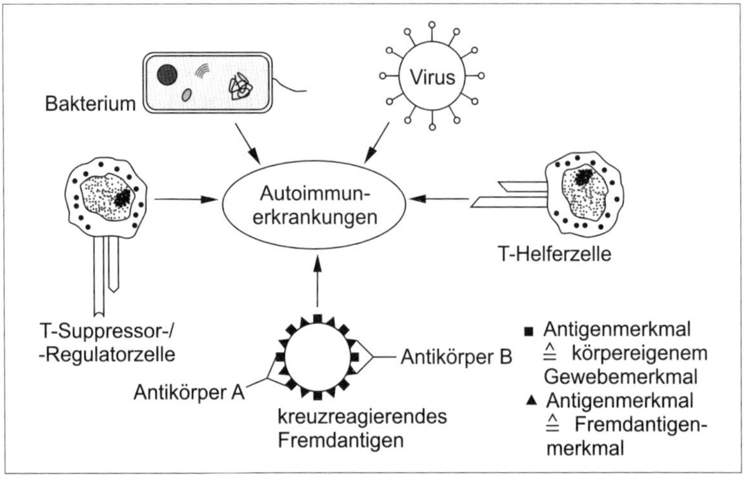

Abb. 4: Ursachen von Autoimmunerkrankungen

3.2 Analysieren Sie Abb. 4 im Hinblick auf mögliche Ursachen einer Autoimmunerkrankung. Berücksichtigen Sie dabei auch etwaige Wechselwirkungen zwischen den Komponenten. Gehen Sie auf drei Möglichkeiten ein. 8

62

Lösung

Inhalte: unspezifische und spezifische Immunabwehr, aktive und passive Immunisierung, humorale und zelluläre Abwehr, Selbsttoleranz, Autoimmunreaktionen

1.1 *Situation 1* ist der unspezifischen Immunabwehr zuzuordnen. Von Geburt an besitzt der menschliche Körper eine Grundausstattung an Immunzellen, die sich gegen alle Fremdantigene richten (angeborene Resistenz). Dazu gehören neben den mechanischen Schutzvorrichtungen (Haut, Schleimhäute, Drüsensekrete) innere Faktoren wie Fresszellen (Phagozyten) und Proteine des Komplementsystems, die z. B. bestimmte Bakterienarten unschädlich machen können. Dabei kann es zu Entzündungsreaktionen kommen.

Situation 2 steht für die spezifische Abwehr. Sofern die angeborene Resistenz (unspezifische Immunabwehr) intakt ist, kann die damit gekoppelte spezifische Abwehr greifen. Sie geht von den Lymphozyten aus, die je nach Differenzierung eine spezielle Aufgabe erfüllen. Das System ist so angelegt, dass jeweils neue Pathogene für die Bildung spezifischer Antikörper sorgen und sich so im Laufe des Lebens eine zunehmende Immunität gegen spezifische Fremdantigene bildet.

Situation 3 ist mit einem Immunsystem vergleichbar, das zwar alle physiologischen Voraussetzungen erfüllt, jedoch mangels Kontakt mit neuen Pathogenen nicht ausreichend in der Antikörperbildung gefordert ist. Im Falle einer Erstinfektion mit Erregern könnte es zu einer Erkrankung kommen, die zu verhindern gewesen wäre, wenn das Immunsystem schon vorher dem betreffenden Antigen ausgesetzt gewesen wäre.

Situation 4 beschreibt die aktive und passive Immunisierung: Durch Übertragung abgetöteter Erreger wird die spezifische Abwehr zur Antikörperbildung angeregt, die auf die Vernichtung des betreffenden Pathogens ausgerichtet ist. Bei der passiven Immunisierung werden vorsorglich fertige Antikörper gegen einen möglichen Erreger gespritzt und im Kontaktfall gegen diesen wirksam.

1.2 Zunächst entstehen in den Stammzellen des Knochenmarks undifferenzierte Lymphozyten als „Basismaterial“ für alle Lymphozytentypen.

Zellvermittelte Immunreaktion:

Entstehung unspezifischer, ausschließlich selbsttoleranter T-Lymphozyten im Thymus

⇩

Kontakt mit Antigenen über infizierte Zellen oder Makrophagen, die körperfremde Zellen phagozytieren und Antigenbruchstücke mithilfe von MHC-Klasse-II-Proteinen präsentieren

⇩

Aktivierung und Differenzierung der T-Lymphozyten:

⇩ ⇩ ⇩ ⇩

1) T-Helferzellen(-Vorläufer) tragen zur B-Lymphozytenvermehrung in der humoralen Immunreaktion bei und sorgen für die Aktivierung zytotoxischer T-Lymphozyten

2) zytotoxische T-Lymphozyten zerstören durch MHC-Klasse-I-Protein gekennzeichnete infizierte Körperzellen

3) T-Suppressor-/-Regulatorzellen kontrollieren Antikörperbildung

4) T-Gedächtniszellen sorgen bei erneuter Infektion für schnelle Immunantwort

Humorale Immunreaktion:

Präsentation von Antigenbruchstücken durch Makrophagen

⇩

Bindung von T-Helferzellen mit einem zum Antigenbruchstück passenden Rezeptor ⇒ Aktivierung, Vermehrung der T-Helferzellen

⇩

Kontakt der T-Helferzellen mit B-Lymphozyten, die das gleiche Antigen gebunden haben

⇩

Vermehrung und Differenzierung der B-Lymphozyten:

⇩ ⇩

1) Plasmazellen produzieren identische antigenspezifische Antikörper (klonale Selektion)

2) Antigenspezifische Gedächtniszellen sorgen bei erneuter Infektion für schnelle Immunantwort

2.1 Eine rhesusnegative Schwangere trägt einen rhesuspositiven Fetus aus. Mit dem Rhesusfaktor wird ein bestimmtes Antigen auf der Oberfläche der Erythrozyten bezeichnet. Bei der Geburt des ersten Kindes bilden sich beim Kontakt des mütterlichen mit dem fetalen Blut Antikörper gegen dieses Merkmal der fetalen Erythrozyten. Es wirkt als Antigen. Die Anti-Rhesusfaktor-Antikörper sind zunächst ohne Wirkung. Sie können den geborenen Säugling nicht mehr schädigen. Da sie jedoch im mütterlichen Körper verbleiben, können sie bei erneutem Austragen eines rhesuspositiven Fetus durch die Plazenta in den fetalen Kreislauf gelangen und auf das Antigen „Rhesusfaktor" reagieren. Es kommt zu einer Antigen-Antikörper-Reaktion und der **Agglutination** der fetalen Erythrozyten. Die Folgen sind erhebliche gesundheitliche Schädigungen des Neugeborenen.
Bei der Diagnose einer Rhesusunverträglichkeit müssen vor der ersten Geburt Medikamente verabreicht werden, die eine Antikörperbildung von vornherein unterbinden (alternativ bei späterer Diagnose: Vernichtung bereits vorhandener Antikörper vor der zweiten Schwangerschaft). Auch eine Bluttransfusion während der Schwangerschaft wäre eine geeignete Maßnahme.

2.2 Da es sich in Abb. 2 um die Bildung von antigenspezifischen Antikörpern –hier gegen ein Erythrozytenmerkmal des Fetus – handelt, ist die **humorale** Immunabwehr beteiligt: Aus Plasmazellen werden bei der Erstschwangerschaft Antikörper freigesetzt, die im Körper der Mutter verbleiben. Auch die Bildung der gleichen Antikörper aus Gedächtniszellen im Falle einer Zweitschwangerschaft ist denkbar.

3.1 A zu 1: Die Inselzellen sind Bestandteile des Organs Bauchspeicheldrüse. Eine Antikörperreaktion mit Zellen der Bauchspeicheldrüse beeinträchtigt die Insulinproduktion, was erhebliche Folgen für den Blutzuckerspiegel und die zelluläre Aufnahme von Glucose sowie deren Neubildung in der Leber hat.

B zu 4: Insulin ist ein Hormon. Sein Ausfall infolge einer Reaktion mit Antikörpern hat ähnliche Folgen wie für A angegeben.

C zu 5: Die Glutamatdecarboxylase ist ein Enzym. Eine Funktionseinschränkung hätte Auswirkungen auf den Glutamatstoffwechsel *(Decarboxylierung von Glutamat zu GABA)*.

D zu 4: Da Thyreotropin ein Hormon ist, das die Schilddrüsenfunktion steuert, würde die Bindung der Antikörper an den Thyreotropinrezeptor dazu führen, dass das Wachstum der Schilddrüse (Vergrößerung, Gewebeschwund) sowie die Schilddrüsenhormonbildung (erhöhte Hormonsekretion) gestört wären, was wiederum negative Auswirkungen auf gekoppelte Stoffwechselvorgänge hätte.

E zu 3: Acetylcholinrezeptoren sind Rezeptormoleküle in Muskelzellmembranen. Ihre Besetzung durch Antikörper unterbindet die Kontraktion der betreffenden Muskelfaser. Eine Lähmung tritt ein.

F zu 1: Skelettmuskeln sind Organe. Ihre Verklebung, hervorgerufen durch die Reaktion der Antikörper mit Muskelproteinen, äußert sich ebenfalls in Lähmungserscheinungen.

G zu 2: Erythrozyten gehören zum Blutgewebe. Gegen sie gerichtete Antikörper bewirken die Agglutination der roten Blutkörperchen. Dies führt neben einer lebensgefährlichen Verstopfung von Blutgefäßen auch zu mangelnder Sauerstoffversorgung.

3.2 Mögliche Ursachen für Autoimmunerkrankungen:
- Verlust oder nur geringe Anzahl von T-Helferzellen, daher keine Stimulation der T-Suppressor-/T-Regulatorzellen, eine für die Immunreaktion zu geringe Anzahl oder Einschränkung der Spezifität der T-Suppressorzellen $\Rightarrow$ Ausfall der Suppressor-/Regulatorwirkung auf Antikörper bildende Plasmazellen und Gedächtniszellen
- fehlerhaft selektierte T-Helferzellen (Thymus), die körpereigene MHC-Moleküle als fremd erkennen
- Veränderung von z. B. antibakteriellen Immunglobulinen (Antikörpern) durch Viren bzw. Bakterien
- Entzündungsprozesse
- Antikörperbildung nicht nur gegen Fremdantigene, sondern auch gegen körpereigene, wenn die körperfremden Substanzen Antigenmerkmale (Epitope) besitzen, die auch bei körpereigenen auftreten (kreuzreagierende Fremdantigene)

Klausuren Biologie
Klausur 14: Zellbiologie (Bearbeitungszeit: 45 min)

Die Biomembran – eine Einheitsmembran? Punkte

1 Die Umhüllungen von Zellorganellen und ganzen Zellen, die Biomembranen, standen seit dem Beginn der elektronenmikroskopischen Untersuchungen biologischer Strukturen im Zentrum des Forschungsinteresses. Mitte der 1950er-Jahre gelang es dem Biologen JAMES DAVID ROBERTSON (1923–1995), biologische Membranen spezifisch anzufärben, sodass sie auf dünnen Schnitten im Transmissions-Elektronenmikroskop untersucht werden konnten. Dabei entstanden Bilder, wie sie in Abb. 1 wiedergegeben sind; die Gewebeschnitte wurden dabei mit Osmiumtetroxid fixiert. Als Ergebnis seiner Untersuchungen prägte der Forscher um 1960 den Begriff der *„unite membrane"*, der „Einheitsmembran", und postulierte damit den identischen Bau jeder biologischen Membran.

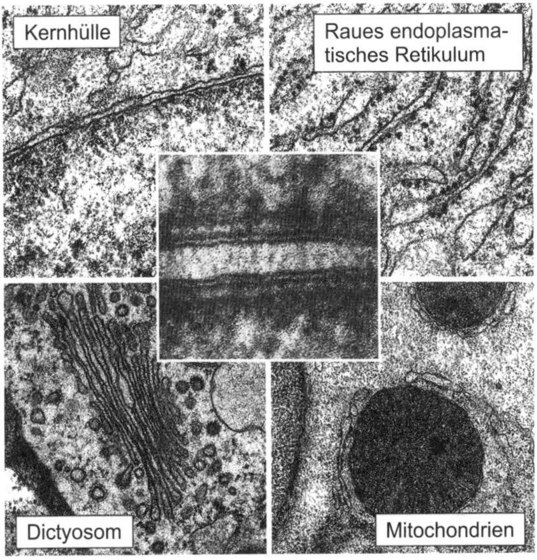

Abb. 1: Transmissionselektronenmikroskopische Bilder der Membranen verschiedener Zellorganellen

1.1 Beschreiben Sie die vergrößerte Darstellung in der Bildmitte von Abb. 1 und greifen Sie dabei auch auf Ihre Kenntnisse der Bestandteile von biologischen Membranen zurück. 6

1.2 Erläutern Sie, welchen Eindruck ROBERTSON von der Biomembran erhalten hatte und wie er zur Prägung des Begriffs der „Einheitsmembran" kommen konnte. 2

2 Biomembranen enthalten als Bausteine neben Lipiden auch Proteine. Abb. 2 zeigt die Verteilung von vier Lipidtypen in der Membran von Erythrozyten. Tab. 1 gibt das Mengenverhältnis von Proteinen zu Lipiden innerhalb unterschiedlicher Membrantypen wieder.

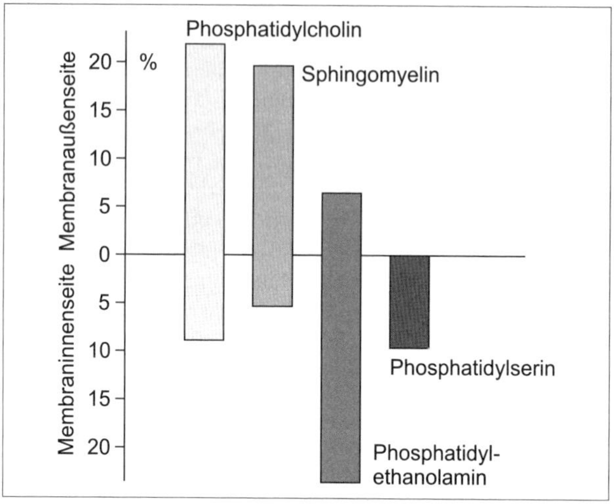

Abb. 2: Lipidverteilung in der Membran von Erythrozyten

Membrantyp	**Verhältnis Protein : Lipid**
Myelinscheide	0,25
innere Mitochondrienmembran	3,0
äußere Mitochondrienmembran	1,1
Disc-Membran der Sehstäbchen	1,0
Leberzelle	0,8
Erythrozyten	1,3

Tab. 1: Mengenmäßiges Verhältnis von Proteinen zu Lipiden innerhalb unterschiedlicher Membrantypen

Anmerkung zum Lesen der Tabelle: Die Myelinscheide hat einen Proteinanteil von 18 % und einen Lipidanteil von 82 %. Das Verhältnis von Protein zu Lipid liegt also bei ca. 0,25.

2.1 Werten Sie Abb. 2 in Bezug auf die Verteilung der Lipide innerhalb der Membran von Erythrozyten aus. Erläutern Sie anschließend, was Tab. 1 bezüglich des Auftretens beider Membrankomponenten aussagt. 8

2.2 Setzen Sie die von Ihnen gezogenen Schlussfolgerungen in Beziehung zu der von Robertson postulierten Vorstellung einer „Einheitsmembran" und begründen Sie Ihre Beurteilung. 4

20

Lösung

Inhalte: Aufbau biologischer Membranen, „Einheitsmembran", Begriffsbildung bei biologischen Strukturen

1.1 *Hier müssen Sie Ihre Kenntnisse über den Membranbau reorganisieren und mit der elektronenoptischen Darstellung in Verbindung bringen.*

Der mit Osmiumtetroxid fixierte Gewebeschnitt zeigt in den Bereichen, in denen sich biologische Membranen befinden, das charakteristische Bild einer trilamellaren Struktur: Zwei dunkle, elektronendichte Linien umschließen einen hellen, dazwischen befindlichen Bereich. Dieses Bild der „Eisenbahngleise ohne Schwellen" ist bei jeder derart fixierten biologischen Membran zu erkennen. Da der chemische Grundaufbau biologischer Membranen bekannt ist, kann das im Transmissions-Elektronenmikroskop entstehende Bild wie folgt gedeutet werden: Der mittlere, helle Bereich enthält die lipophilen Bestandteile der Membranlipide, die in der **Lipiddoppelschicht** einander zugewandt sind. Die dunklen Linien stellen die Bereiche dar, in denen sich sowohl die hydrophilen Lipidanteile sowie Membranproteine befinden.

1.2 Im elektronenoptischen Bild erscheinen alle Biomembranen gleich. Dies gilt für die Membranen der einzelnen Zellorganellen und der Zellmembran bei Pflanzen- wie bei Tierzellen. Die „Eisenbahngleise ohne Schwellen" sind bei allen daraufhin untersuchten biologischen Membranen gefunden worden. Diese Tatsache hat JAMES DAVID ROBERTSON um 1960 dazu gebracht, den einheitlichen Aufbau aller Biomembranen als „Einheitsmembran" zu postulieren.

2.1 Abb. 2 gibt die quantitative Verteilung von vier Membranlipiden in der Erythrozytenmembran wieder. Dabei ist der mengenmäßige Anteil der einzelnen Lipide auf der Membraninnen- und -außenseite in Prozent angegeben. Die Abbildung verdeutlicht auf den ersten Blick, dass das quantitative Vorkommen der vier Membranlipide an der Innen- bzw. der Außenseite der Membran sehr unterschiedlich ausfällt. Phosphatidylcholin und Sphingomyelin kommen zu 22 bzw. 20 % in der Membranaußenseite vor. Am Aufbau der Innenseite der Erythrozytenmembran ist Phosphatidylcholin aber lediglich mit 8 % und Sphingomyelin nur mit 5 % beteiligt. Für die Membranlipide Phosphatidylethanolamin und Phosphatidylserin ergibt sich mengenmäßig die umgekehrte Verteilung. Beide kommen an der Membraninnenseite deutlich häufiger vor (Phosphatidylethanolamin: innen 26 %; außen 6 %) bzw. sind ausschließlich dort vorhanden (Phosphatidylserin: knapp 10 %).
In Tab. 1 ist das quantitative Verhältnis von Proteinen zu Lipiden in verschiedenen Membrantypen zusammengefasst. Wie die Zahlenwerte verdeutlichen, kann das jeweilige Verhältnis der beiden Komponenten zueinander beträchtlich schwanken. Bei Zahlenwerten kleiner 1 überwiegen Lipide, bei einem Wert

über 1 befinden sich mehr Proteine in der jeweiligen Biomembran. In den Disc-Membranen der Sehstäbchen und der äußeren Mitochondrienmembran herrscht ein annähernd ausgeglichenes Verhältnis von Proteinen zu Lipiden vor. Dies gilt in abgeschwächtem Maße auch für die Membranen der Leberzelle. Wie der Quotient von 3,0 bei der inneren Mitochondrienmembran zeigt, enthält diese deutlich mehr Proteine als Lipide. Dagegen überwiegt in den Membranen der Myelinscheide der Lipidanteil ganz deutlich.
Zusammenfassend kann aus den beiden Darstellungen (Abb. 2 und Tab. 1) gefolgert werden, dass in den diversen Membranen eines Organismus die quantitative Verteilung von Lipidtypen in der Lipiddoppelschicht und das Mengenverhältnis von Membranlipiden zu -proteinen sehr unterschiedlich sein kann.

2.2 *Hier ist Ihre Einschätzung von Sachverhalten gefragt. Sie müssen dabei die Grundaussage von ROBERTSON berücksichtigen und diese an den Informationen messen, die Sie aus dem übrigen Material der Aufgabe gewonnen haben.*

Der Begriff *„unite membrane"* oder „Einheitsmembran" für Biomembranen sagt aus, dass solche Membranen einheitlich in ihrem Aufbau sind. Führt man diese Überlegung fort, so müssten Biomembranen aus annähernd den gleichen Bestandteilen aufgebaut sein. Diese Aussage von ROBERTSON kann anhand des vorliegenden Materials nicht bestätigt werden. Sowohl die Verteilung der Membranlipide – hier verdeutlicht am Beispiel der Erythrozytenmembran – als auch das mengenmäßige Verhältnis von Lipiden zu Proteinen in verschiedenen Membranen spricht eindeutig dafür, dass jede Membransorte einen individuellen Aufbau aufweist. Dies wird vor allem dann verständlich, wenn man die jeweiligen Funktionen von Membranen innerhalb spezifischer Zellen und Zellstrukturen berücksichtigt. Ein Beispiel kann diese Überlegung verdeutlichen: Membranen der Myelinscheide haben vor allem eine isolierende Funktion, die von Lipiden besser erfüllt werden kann als von Proteinen. Aus diesem Grund überwiegen hier die Membranlipide deutlich.
Die von ROBERTSON postulierte Vorstellung einer „einheitlich aufgebauten Biomembran" kann damit eindeutig falsifiziert werden.

Klausuren Biologie
Klausur 15: Zellbiologie (Bearbeitungszeit: 60 min)

Woher stammen Chloroplasten und Mitochondrien?

Punkte

Chloroplasten und Mitochondrien in eukaryotischen Zellen waren bereits früh Objekte zellulärer Untersuchungen. Bereits im ausgehenden 19. Jahrhundert hatte ANDREAS FRANZ WILHELM SCHIMPER (1856–1901) nachgewiesen, dass Plastiden wiederum nur aus Plastiden hervorgehen können. Kurze Zeit später wurde auch für Mitochondrien postuliert, dass diese nicht de novo entstehen, d. h. etwa nach Verlust nicht neu geschaffen werden können.
SCHIMPER hatte sich schon 1883 in seinem Aufsatz „Ueber die Entwicklung der Chlorophyllkörner und Farbkörper“ wie folgt geäußert:

> „Sollte es sich definitiv bestätigen, dass die Plastiden in den Eizellen nicht neu gebildet werden, so würde ihre Beziehung zu dem sie enthaltenden Organismus einigermaßen an eine Symbiose erinnern. Möglicherweise verdanken die grünen Pflanzen wirklich einer Vereinigung eines farblosen Organismus mit einem von Chlorophyll gleichmäßig tingirten [eingefärbten] ihren Ursprung.“

In den folgenden 100 Jahren führten die zell- und biochemisch-molekularbiologischen Untersuchungen der Zellorganellen Chloroplast und Mitochondrium zu einem differenzierteren Bild, das die folgenden Befunde beschreiben:

(1) Mitochondrien und Plastiden sind von zwei Membranen umgeben. Ähnliche Verhältnisse findet man auch bei intrazellulären Symbionten und Parasiten. Die äußere Membran entspricht dabei der Biomembran der Wirtszelle, die innere derjenigen des Symbionten bzw. Parasiten.

(2) Die innere Mitochondrien- und Plastidenmembran weist eine andere biochemische Zusammensetzung auf als die charakteristische Membran einer eukaryotischen Zelle. In der Mitochondrien-Innenmembran kommen Phospholipide vor, die bei Eukaryoten nicht auftreten, aber in Bakterienmembranen zu finden sind. Sterollipide sind normalerweise in den Membranen von Euzyten zu finden. Sie fehlen aber den Innenmembranen der Mitochondrien und i. d. R. auch den Bakterienmembranen.

(3) In der eukaryotischen Zelle herrscht ein ständiger Membranfluss, bei dem die Biomembranen miteinander fusionieren. Eine Fusion von inneren Plastiden- oder Mitochondrienmembranen mit Euzytenmembranen wurde nicht beobachtet.

(4) In den Plastiden läuft die Fettsäuresynthese anders ab als in eukaryotischen Zellen. Sie entspricht eher derjenigen in prokaryotischen Zellen.

(5) Plastiden und Mitochondrien besitzen als einzige Zellorganellen eigene DNA. Sie ist zirkulär und membranangeheftet wie bei Bakterienzellen. Ebenso fehlen ihr – wie auch prokaryotischen Zellen – Histon-Proteine und spezifische Modifikationen der mRNA.

(6) Der Teilungsmodus von Plastiden und Mitochondrien mittels Zweiteilung erinnert stärker an die Zellteilung von Bakterien als an die mitotischen Abläufe in Euzyten. Ihre DNA-Replikation ist unabhängig von der entsprechenden S-Phase des Eukaryoten-Zellzyklus.

(7) Mitochondrien und Plastiden können nur einen kleinen Teil der von ihnen benötigten Proteine selbst herstellen. Der überwiegende Teil ihrer Proteine wird von Genen aus dem Zellkern codiert.

(8) Die Ribosomen in Chloroplasten und Mitochondrien (70 S) unterschieden sich von Ribosomen in Euzyten (80 S).

(9) Antibiotika, die Ribosomen von Bakterienzellen inaktivieren, können auch Chloroplasten- und Mitochondrien-Ribosomen hemmen.

(10) Die meisten der von Plastiden und Mitochondrien benötigten Proteine, darunter auch essenzielle Enzyme zur DNA- und RNA-Replikation, werden im Zytoplasma an 80 S-Ribosomen synthetisiert und anschließend in die Mitochondrien und Plastiden transportiert.

(11) Vergleicht man die Sequenzdaten von Nukleinsäuren und Proteinen aus den beiden Zellorganellen mit den Daten von Eukaryoten, so können klare Gemeinsamkeiten innerhalb der Euzyten aufgezeigt werden – Mitochondrien und Plastiden stehen dagegen völlig außerhalb der Eukaryoten-Gemeinsamkeiten.

(12) Die Sequenzdaten von Nukleinsäuren und Proteinen der beiden Zellorganellen unterscheiden sich untereinander deutlich.

(13) Versuche, die beiden Zellorganellen in einem Nährmedium außerhalb der Zelle zu vermehren, sind stets fehlgeschlagen.

Bereits 1890 verfasste RICHARD ALTMANN (1852–1900), u. a. fußend auf den Überlegungen von SCHIMPER, die sog. „**Endosymbionten-Hypothese**". Allgemein formuliert besagt sie, dass Plastiden und Mitochondrien die Nachfahren ursprünglich frei lebender Einzeller sind. Sie wurden frühzeitig in der Evolution als symbiontische „Dauergäste" in die späteren Euzyten integriert und im Laufe der Zeit zu Zellorganellen „domestiziert".
Daneben existiert noch eine weitere, konkurrierende Hypothese, die der „**endogenen Kompartimentierung**". Sie geht davon aus, dass sich einzelne Kompartimente innerhalb der Zelle zu Plastiden und Mitochondrien weiterentwickelt haben.

1 Erläutern Sie im Detail den Aufbau und die Funktion der Zellorganellen Chloroplast und Mitochondrium. Nennen Sie dabei auch die korrekte Reaktionsgleichung des im jeweiligen Zellorganell ablaufenden Grundprozesses. 8

2.1 Analysieren Sie die im Text aufgeführten 13 Aussagen zu den beiden Zellorganellen, indem Sie jeweils ihre Vereinbarkeit mit den beiden Hypothesen zur Entstehung von Plastiden und Mitochondrien überprüfen. Begründen Sie Ihre Einschätzungen. 12

2.2 Entscheiden Sie anhand Ihrer Analyse, welche der beiden Hypothesen für Sie die höhere Plausibilität aufweist. Gehen Sie dabei auch darauf ein, ob es für Sie auf der Grundlage der überprüften Aussagen auch Zweifel geben könnte. 5

25

Lösung

Inhalte: Bau von Chloroplasten und Mitochondrien, Endosymbionten-Hypothese, Überprüfung von Hypothesen, Analyse von Textaussagen zu biologischen Grundphänomenen

1 Chloroplasten und Mitochondrien gehören neben dem Zellkern zu den Zellorganellen, die eine doppelte Membran besitzen.
Bei den Chloroplasten umschließt die innere Membran das Stroma, den Innenraum des Zellorganells, der als Matrix bezeichnet wird. Diese Membran ist in den Matrixbereich hinein lamellenförmig-flächig eingestülpt, woraus eine Oberflächenvergrößerung resultiert. Dort werden Membransysteme, die Thylakoide, gebildet. Sind diese geldrollenartig übereinandergestapelt, spricht man von Granathylakoiden (Granum). Liegen die Membranen vereinzelt im Matrixbereich, werden sie Stromathylakoide genannt. Im Stroma verstreut befinden sich Ribosomen. Das Zellorganell besitzt darüber hinaus auch eigene DNA. Chloroplasten können aus Vorstufen von Plastiden entstehen, sie vermehren sich aber ebenfalls durch Abschnürungen, d. h. durch Teilung. In den Chloroplasten läuft die Fotosynthese ab, die zur Produktion von Zucker- und Stärkemolekülen führt. Aus den energiearmen Substanzen Kohlenstoffdioxid und Wasser werden mithilfe der Energie aus dem Sonnenlicht der energiereiche Stoff Traubenzucker und Sauerstoff aufgebaut:

$$6\,CO_2 + 12\,H_2O \longrightarrow C_6H_{12}O_6 + 6\,O_2 + 6\,H_2O$$

Diesen Vorgang bezeichnet man als **Assimilation**.
In den z. T. oval-kugeligen, meist aber stäbchenförmigen Mitochondrien, den „Kraftwerken" der Zelle, läuft die Zellatmung ab. Die innere Mitochondrien-Membran umschließt auch bei diesem Zellorganell eine Matrix. Auch hier ist die in die Matrix hineinreichende Membran zur Vergrößerung der Oberfläche stark aufgefaltet. Je nach Art des Faltungsmusters unterscheidet man einen Christae- (Leisten-), Tubulus- (Röhren-) und Sacculus- (Säckchen-)Typ. Innerhalb der Matrix sind u. a. Ribosomen und ringförmige DNA-Moleküle vorhanden. Mitochondrien können nur durch Teilung (Abschnürung) aus bereits vorhandenen Mitochondrien entstehen. Diese Organellen befähigen eine Zelle dazu, aus Kohlenhydraten ($C_6H_{12}O_6$), Sauerstoff und Wasser Adenosintriphosphat (ATP) zu synthetisieren. Der **Dissimilationsprozess** läuft nach folgender Reaktionsgleichung ab:

$$C_6H_{12}O_6 + 6\,O_2 + 6\,H_2O \longrightarrow 6\,CO_2 + 12\,H_2O$$

2.1 *Bei der Bearbeitung dieser Aufgabe ist es sinnvoll, die einzelnen Argumente für beide Hypothesen anzusprechen und – wenn möglich – zueinander in Beziehung zu setzen. Hieraus ergibt sich dann der begründende Zusammenhang.*

Von den im Textmaterial angeführten 13 Aussagen lassen sich die meisten dahingehend deuten, dass sowohl die Vorfahren der späteren Chloroplasten als auch die Vorfahren der späteren Mitochondrien als **Endosymbionten** in die Vorläufer der heute existierenden Euzyten eingegangen sind.
Für ihre Aufnahme in den Euzytenvorfahren sprechen vor allem die Doppelmembran, die Chloroplasten und Mitochondrien umgibt (1), sowie die deutlichen biochemischen Unterschiede zwischen deren Innen- und Außenmembran (2). Beides sind entscheidende Argumente, die für eine Aufnahme anderer Lebewesen über eine Nahrungsvakuole in den Vorläufer der rezenten Euzyten sprechen. Gestützt wird diese Überlegung, die von unterschiedlichen Membranzusammensetzungen ausgeht, auch durch die dritte Aussage. Die ehemaligen Außenmembranen der Endosymbionten, welche nun als innere Membranen der Chloroplasten und Mitochondrien fungieren, können aufgrund dieses unterschiedlichen biochemischen Charakters auch nicht am zellulären Membranfluss teilnehmen. Der prokaryotische Charakter der Chloroplasten-Vorläufer wird auch dadurch gestützt, dass die Fettsäuresynthese der heutigen Blattgrünkörner tendenziell derjenigen heutiger Prokaryoten entspricht (4). Für die Endosymbionten-Hypothese sprechen auch genetische Besonderheiten der Zellorganellen. Dazu zählen der Besitz von DNA und das Fehlen von Histon-Proteinen (5), die Besonderheiten im Teilungsmodus (6) und die von Eukaryonten abweichenden Ergebnisse beim Sequenzvergleich von Nukleinsäuren und Proteinen (11). Auch die unterschiedliche ribosomale Ausstattung (8) von Mitochondrien und Chloroplasten (70 S zu 80 S in Euzyten) sowie deren Inhibition durch Antibiotika, die auch bakterielle Ribosomen hemmen können (9), stützen die Überlegungen hinsichtlich einer Endosymbiose.
Ein direkter Beweis zur Verifizierung der Endosymbionten-Hypothese, etwa durch die Vermehrung von Mitochondrien und Chloroplasten außerhalb ihres zellulären Umfeldes, ist nicht möglich und auch illusorisch. Dies führt zu den zwei schwerwiegenden Befunden 7 und 10, die für eine Entstehung der beiden Zellorganellen durch **endogene Kompartimentierung** sprechen. Sie verdeutlichen, dass wesentliche Teile der genetischen Information, die Chloroplasten und Mitochondrien für ihre Existenz benötigen, nicht in ihrem Inneren lokalisiert sind. Der überwiegende Teil ihrer Proteine wird von Genen aus dem Zellkern codiert (7). Hinzu kommt, dass essenzielle Enzyme zur DNA- und RNA-Replikation an den 80 S-Ribosomen im Zytoplasma synthetisiert werden und erst anschließend in die beiden Zellorganellen transportiert werden (10). Dies sind gewichtige Argumente, die nicht für eine endosymbiontische Entstehung von Chloroplasten und Mitochondrien sprechen.

2.2 *Hier bietet sich die 12. Aussage für die Begründung einer fundierten eigenen Entscheidung geradezu an.*

Obwohl die Argumente, die für die Endosymbionten-Hypothese sprechen, bei weitem überwiegen, bleiben aufgrund der Tatsache, dass Codierung und Synthese essenzieller Proteine außerhalb der Zellorganellen lokalisiert sind, doch Zweifel, ob nicht auch die endogene Kompartimentierung in Betracht gezogen werden könnte.
Ein Befund passt allerdings definitiv nicht ins Bild der endogenen Kompartimentierung: Die Sequenzdaten der beiden Zellorganellen unterscheiden sich deutlich voneinander (12). Wenn die Unterschiede in den Protein- und Nukleinsäure-Sequenzen bei Chloroplasten und Mitochondrien so groß sind, können sich beide nicht innerhalb ein und desselben Vorläufers der heutigen Euzyten entwickelt haben. In diesem Falle müssten ihre Sequenzen einander deutlich ähnlicher sein.
Damit sprechen nahezu alle der im Arbeitsmaterial angegebenen Befunde für das Entstehen von Chloroplasten und Mitochondrien aus endosymbiontischen Vorfahren, wie es bereits A. F. W. SCHIMPER 1883 vermutet hat. Sie sind von den Vorläufern der heutigen Euzyten aufgenommen, aber nicht verdaut, sondern in den Dienst der Zelle gestellt worden.

Der Membranfluss in Pankreaszellen

Punkte

In den 1960er-Jahren untersuchten die amerikanischen Forscher JAMES DOUGLAS JAMIESON (geb. 1934) und GEORGE EMIL PALADE (1912–2008, Nobelpreis Physiologie/Medizin 1974) das Membransystem innerhalb von Pankreasgewebe. Dabei stellten sie fest, dass Zellen der Bauchspeicheldrüse, die Proteine in erheblichem Umfang exportieren, meist ein prägnant ausgebildetes raues Endoplasmatisches Retikulum (rER) aufweisen. Sie untersuchten exokrines Pankreasgewebe – ein Drüsengewebe, das u. a. Proteine produziert und exportiert – daraufhin, wie die Eiweißkörper innerhalb der Zellen transportiert und als Sekretionsvesikel ausgeschleust werden. Um den Transportweg der Proteine verfolgen zu können, inkubierten sie das Drüsengewebe für vier Minuten mit radioaktiv markiertem Leucin, sodass die während dieses Zeitraums erzeugten Exportproteine markiert wurden. Im nächsten Schritt wurde das Präparat gewaschen und mit nicht markiertem Leucin weiterhin inkubiert. Die derart behandelten Zellen wurden ab dem Waschschritt in regelmäßigen Abständen für eine elektronenmikroskopische Autoradiografie als Gewebedünnschnitte präpariert. Die Lokalisierung der markierten Aminosäure wurde anschließend anhand der Zahl der Silberkörner auf den Autoradiogrammen in Prozent gemessen (Abb. 1).

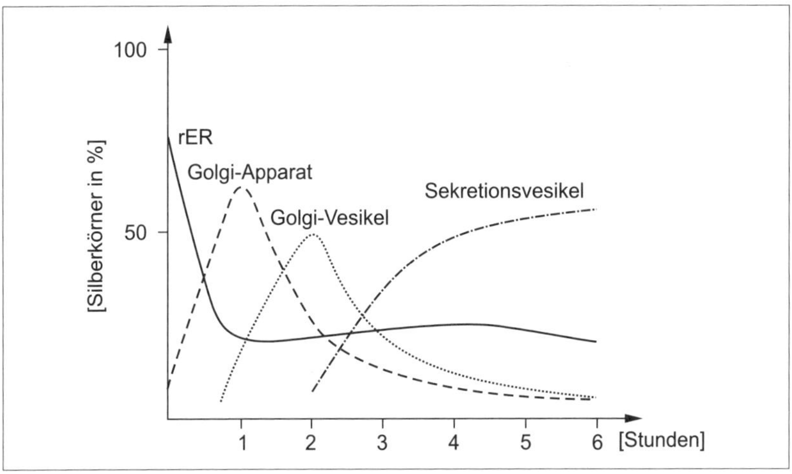

Abb. 1: Lokalisierung der an Leucin gekoppelten Radioaktivität in einer Pankreaszelle

1 Erläutern Sie den Aufbau und die Funktion von Endoplasmatischem Retikulum und Golgi-Apparat. 8

2.1 Beschreiben Sie die Versuchsergebnisse in Abb. 1. 6

2.2 Analysieren und deuten Sie die Untersuchungsergebnisse aus Abb. 1, indem Sie den Zusammenhang zwischen rER, Golgi-Apparat, Golgi-Vesikeln und Sekretionsvesikeln darlegen. 8

3

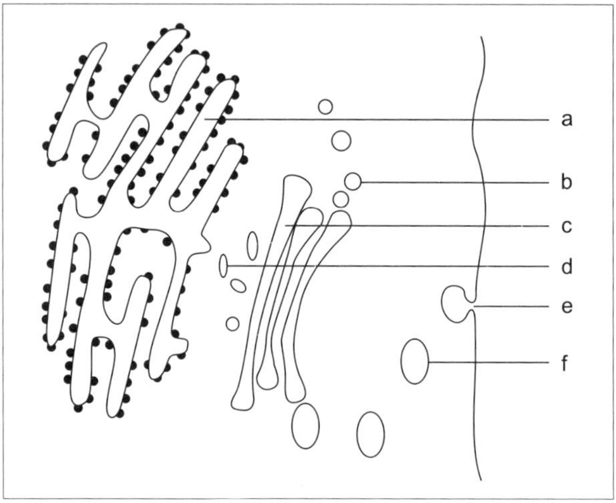

Abb. 2: Membranfluss in einer Pankreaszelle

3.1 Benennen Sie die mit a bis f gekennzeichneten Strukturen in Abb. 2. 3

3.2 Definieren Sie zunächst den Begriff „Membranfluss" und erklären Sie seine Bedeutung für die Zelle.
Erläutern Sie – unter Rückgriff auf die in Abb. 1 dargelegten Versuchsergebnisse –, den in Abb. 2 illustrierten Membranfluss in einer Pankreaszelle und verdeutlichen sie dessen Richtung durch Pfeile in der Abbildung. 7

32

Lösung

Inhalte: Bau und Funktion von ER und Golgi-Apparat, Membrantransport und -fluss, Exozytose

1 Das **Endoplasmatische Retikulum** (ER) stellt ein System von flachen Hohlräumen und Kanälen dar, die – flüssigkeitsgefüllt – in vielfältiger Weise miteinander kommunizieren. Die Membranen des ER sind mit der äußeren Membran von Mitochondrien über Mikrotubuli ebenso verbunden wie mit der Kernhülle, die aus Teilen des ER entsteht. Es existieren zwei Sorten des Endoplasmatischen Retikulums: Das raue ER ist an seiner Außenseite mit Ribosomen bedeckt, beim glatten ER fehlen sie.
Die Größe dieses Zellorganells ist jeweils abhängig vom physiologischen Zustand der Zelle, da hier auch verschiedene zelluläre Synthesevorgänge stattfinden. Seine primäre Funktion ist die eines interzellulären Transportsystems, weshalb das ER auch etwas salopp als „Autobahn" der Zelle bezeichnet wird.
Bei **Dictyosomen** handelt es sich um Stapel abgeflachter Vakuolen (Zisternen), die in einzelne Vesikel (Bläschen) zerfallen. Dictyosomen sind letztendlich die Bildung des ER, da dort Vesikel abgeschnürt werden, die sich anschließend zu Zisternen zusammenfügen. Auch eine Entstehung der Zellorganelle durch Querteilung (Durchschnürung von Zisternenstapeln) ist möglich. Alle Dictyosomen einer Zelle werden in ihrer Gesamtheit unter dem Begriff **Golgi-Apparat** zusammengefasst. Da die Golgi-Apparate in der Zelle auch Orte der Synthese sind, ist ihre Größe – wie auch die des ER – vom jeweiligen physiologischen Zustand der Zelle abhängig. Darüber hinaus dienen Dictyosomen als Sekretspeicher und sind am intrazellulären Transportsystem beteiligt.

2.1 *Für die Beschreibung der Abbildung ist es sinnvoll, horizontale Hilfslinien einzuziehen, die es Ihnen erlauben, konkrete Prozentwerte anzugeben.*

In diesem Kurvendiagramm ist auf der Ordinate (y-Achse) die Anzahl der Silberkörner in Prozent angegeben und auf der Abszisse (x-Achse) die Zeit in Stunden. Die prozentualen Anteile sind für das rER, den Golgi-Apparat, die Golgi-Vesikel sowie für Sekretionsvesikel über einen Zeitraum von sechs Stunden in Pankreaszellen dargestellt. Im **rER** werden zunächst ca. 75 % Silberkörner nachgewiesen. Dieser Wert fällt während der ersten Stunde stetig auf gut 20 % ab und steigt bis zur vierten Stunde wieder auf 25 % an. Nach sechs Stunden ist er auf ca. 22 % abgefallen. Im **Golgi-Apparat** befinden sich in den ersten untersuchten Schnitten weniger als 10 % Silberkörner. Dieser Wert steigt innerhalb von 60 Minuten kontinuierlich bis auf ca. 62 % an und fällt anschließend langsam, aber stetig über ca. 25 % (2. Stunde) und ca. 10 % (4. Stunde) auf etwa 6 % nach sechs Stunden. In den **Golgi-Vesikeln** sind Silberkörner erst nach ca. 45 Minuten mit 5 % nachweisbar. Bis zur zweiten Stunde kann auch hier ein stetiger Anstieg bis auf einen Wert von 50 % beobachtet werden. Ab der zweiten Stunde sinken die Prozentwerte ebenfalls wieder kontinuierlich auf Werte von ca. 13 % nach drei Stunden und ca. 6 % nach sechs Stunden. **Sekretionsvesikel** weisen erst nach zwei Stunden Silberkörner auf. Ausgehend von ca. 10 % steigt die Menge ähnlich wie bei den zwei zuvor beschriebenen Kurven stetig bis auf 50 % nach vier Stunden an. Im Gegensatz zu jenen Kurven setzt sich die Steigung dann allerdings weiter fort. Nach sechs Stunden liegt hier der Wert bei ca. 55 % Silberkörnern.

2.2 Die in Abb. 1 dargestellten Versuchsergebnisse lassen eindeutig den Weg erkennen, den die radioaktiv markierte Aminosäure Leucin innerhalb der Pankreaszelle nimmt. Zunächst liegt sie fast ausschließlich im rER vor. In dem Maße, wie ihre Menge im rER abnimmt, wächst sie im Golgi-Apparat zunächst an. Ähnliches gilt auch für Golgi-Vesikel. Zeitlich versetzt steigt also in beiden Zellkomponenten die Menge an radioaktiv markiertem Leucin an. Während diese Menge im Golgi-Apparat bereits nach einer Stunde ihr Maximum erreicht und im weiteren Verlauf abfällt, steigt die Leucinmenge in den Golgi-Vesikeln noch bis zur zweiten Stunde an, bevor sie absinkt. Dies verdeutlicht die Richtung der Wanderung der markierten Aminosäure Leucin: Aus dem rER werden Vesikel abgeschnürt, die sich mit der Membran des Golgi-Apparates vereinigen. Die Radioaktivität ist – mit deutlicher zeitlicher Verzögerung – später wieder außerhalb des Zellorganells in Golgi-Vesikeln nachzuweisen. Diese Verzögerung könnte dadurch zu erklären sein, dass die Proteine innerhalb des Golgi-Apparates modifiziert werden und biochemische Prozesse durchlaufen. Die Vesikel werden also vom Golgi-Apparat als sog. Golgi-Vesikel abgeschnürt und in der Zelle weitergeleitet und verteilt. Die Kurve der Sekretionsvesikel, die ebenfalls aus dem Golgi-Apparat ausgeschleust werden, zeigt, dass der überwiegende Teil der radioaktiv markierten Leucinmoleküle auf diesem Wege transportiert wird. Der Bestimmungsort der Sekretionsvesikel ist die Plasmamembran, mit der sie fusionieren. Somit kann durch die in der Abb. 1 wiedergegebenen Untersuchungen belegt werden, dass der Inhalt der Sekretionsvesikel durch die Plasmamembran hindurch nach außen abgegeben wird.

3.1
a rER
b Golgi-Vesikel
c Golgi-Apparat
d rER-Vesikel
e Exozytose
f Sekretionsvesikel

3.2 *Nehmen Sie Ihre Definition des Membranflusses als Ausgangspunkt, um die zugrunde liegenden Vorgänge näher zu erläutern.*

Unter dem Begriff „Membranfluss“ versteht man in der Biologie sowohl die Fusion von zellulären Membranen als auch die Bildung von Vesikeln innerhalb einer Zelle. Wesentliche hieran beteiligte Zellorganellen sind in Abb. 2 dargestellt, inklusive des Vorgangs der Exozytose. Membranen können aufgrund ihres Bauprinzips nach dem „Flüssig-Mosaik-Modell“ in vielfältiger Weise miteinander fusionieren. Daraus ergibt sich, dass Membranen und Membrankomponenten innerhalb der Zelle hin und her bewegt und gezielt verschickt werden können. Sie haben so die Möglichkeit, durch das Umschließen unterschiedlicher Zellprodukte diverse Transportaufgaben – sei es von Boten-, Nähr- oder Abfallstoffen oder auch von Enzymen – zu übernehmen. Der Weg, den die markierten Leucinmoleküle genommen haben (verdeutlicht in Abb. 1), zeigt den charakteristischen Ablauf eines Membranflusses. Ausgangspunkt ist das Endoplasmatische Retikulum, hier in seiner rauen, ribosomenbesetzten Form, von dem Vesikel abgeschnürt werden. Die darin befindlichen Stoffe werden nach der Fusion des ER-Vesikels mit der Membran des Golgi-Apparates in diesem Zellorganell weiterverarbeitet. Ist dieser Prozess abgeschlossen, so werden die entstandenen Endprodukte ausgeschleust. Dies kann zum einen über Golgi-Vesikel geschehen, in denen dann z. B. Enzyme, Membrankomponenten oder Botenmoleküle an andere Orte innerhalb der Zelle gebracht und dort eingesetzt oder weiterverarbeitet werden. Es herrscht in jeder Zelle ein dynamischer Fluss von Vesikeln zwischen den einzelnen Kompartimenten. Spezielle Sekretionsvesikel aber werden aus dem Golgi-Apparat mit einem ganz bestimmten Ziel ausgeschleust: Sie werden zur Plasmamembran geleitet und fusionieren dort mit ihr. Oftmals enthalten derartige Vesikel Abfallstoffe, die auf diese Art und Weise im Zuge einer Exozytose aus der Zelle entfernt werden. Darüber hinaus sind es aber auch Komponenten der Plasmamembran, z. B. Membranproteine oder Kohlenhydratkomponenten, die mittels Sekretionsvesikeln ihren Bestimmungsort, die Plasmamembran, erreichen. Bei den hier betrachteten Zellen aus dem Drüsengewebe sind es vor allem sezernierte Proteine und auch Sekrete, die über Exozytose aus dem produzierenden Gewebe exportiert werden. Die verschiedenen Wege des Membranflusses, wie sie sich auch aus den Angaben in Abb. 1 ergeben, sind in der folgenden Abbildung durch Pfeile verdeutlicht.

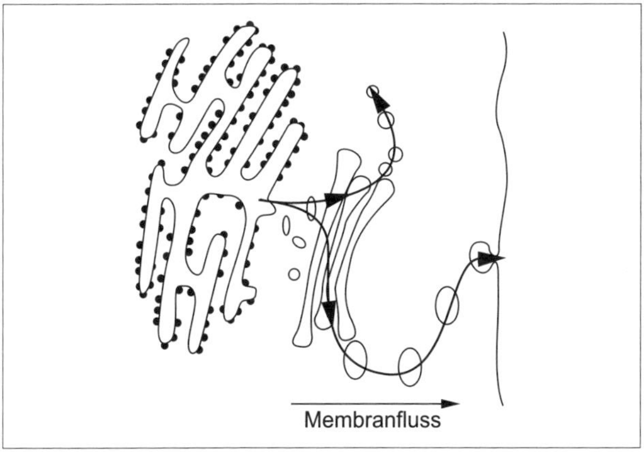

Klausuren Biologie
Klausur 17: Ökologie (Bearbeitungszeit: 90 min)

Ökosystem tropischer Regenwald

Punkte

1 Abb. 1 zeigt schematisch den Ausschnitt eines naturbelassenen *Dipterocarpaceen*-Waldes. In Abb. 2 ist derselbe Waldbereich nach Abholzung der in Abb. 1 gekennzeichneten Nutzholzarten zu sehen. Die Bestandsaufnahme umfasste einen Zeitraum von ca. zehn Jahren.

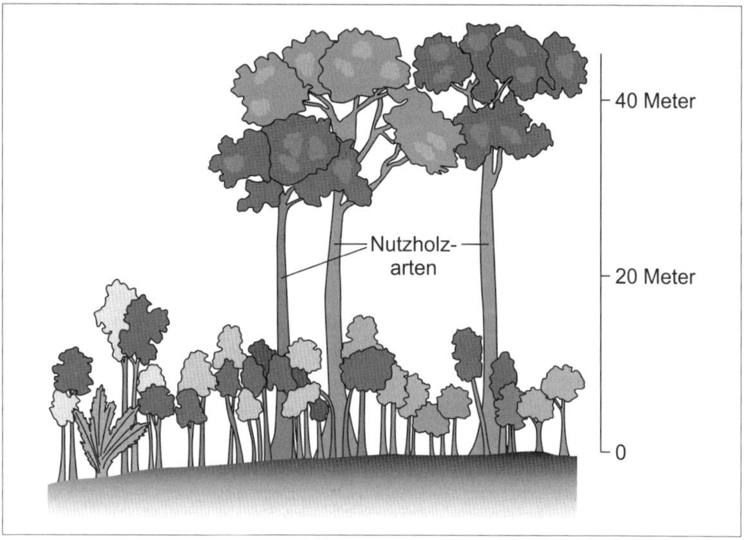

Abb. 1: Naturbelassener *Dipterocarpaceen*-Wald

Abb. 2: *Dipterocarpaceen*-Wald nach der wirtschaftlichen Nutzung

Sachinformationen zu den *Dipterocarpaceen*
Die „Flügelfruchtgewächse“ *(Dipterocarpaceae)* sind im tropischen Asien, so etwa im westlichen Malaysia beheimatet. Ihre immergrünen Bäume findet man dort insbesondere in den tropischen Regenwäldern. Wegen ihres glatten, harten Holzes werden einige Arten wirtschaftlich genutzt, so z. B. der Salbaum *(Shorea robusta)*, der in Vorderindien, auf den Philippinen und auf Neuguinea von Natur aus häufig vorkommt und auch forstlich kultiviert wird. Sein sehr widerstandsfähiges Holz dient als Bauholz. Andere Arten liefern z. B. die Grundlage für Sperrholz oder ihre Harze werden zur Herstellung für Öle und Lacke verwendet.
In Indonesien machen *Dipterocarpaceen*-Hölzer ca. 85 % des Holzexports aus. Sie stammen aus den indo-malaysischen Urwäldern. Zum Abholzen der hohen Bäume werden schwere Maschinen mit großer „Spurbreite“ eingesetzt.
Ein weiteres Merkmal der *Dipterocarpaceen*-Bäume sind die weit ausladenden Brettwurzeln. Sie verankern den Baum in der für Tropenwälder typischen, flachen Humusschicht des Bodens. Ihren Namen verdanken die „Flügelfruchtgewächse“ der besonderen Gestaltung ihrer Nussfrüchte: Sie besitzen für ihre Verbreitung große flügelartige Gleitvorrichtungen, ähnlich den „geflügelten“ Samen unserer heimischen Ahornarten.

1.1 Stellen Sie zunächst eine begründete Vermutung dazu an, wie der Wald (Abb. 1) zehn Jahre nach Abholzung der drei Nutzholzarten aussehen könnte. Vergleichen Sie anschließend mit den in Abb. 2 gezeigten Befunden und ermitteln Sie die Ursachen für die veränderte Waldstruktur in Abb. 2. 9

1.2 Ermitteln Sie jeweils zwei mögliche Folgen großflächiger Abholzungsmaßnahmen für die Artenvielfalt, für biotische Wechselbeziehungen und für klimatische Veränderungen. 6

1.3 Erörtern Sie den Zustand des Waldes in Abb. 2 unter dem Aspekt der intra- und interspezifischen Konkurrenz. 6

2 Abb. 3 zeigt Ausschnitte des Leitbündelnetzes zweier Pflanzenarten *(Pouteria cf. trilocularis, P. aff. anibaefolia)* aus der Familie der Seifenbaumgewächse (*Sapotaceae*) aus Venezolanisch-Guayana. Die dargestellten Laubblätter aus dem Kronenbereich der Bäume entstammen jeweils verschiedenen Ansatzhöhen, da die Bäume unterschiedlich groß sind.

ZALENSKI-Regel:
Die ZALENSKI-Regel besagt, dass die Leitbündeldichte von Blättern mit ihrer Ansatzhöhe am Baum steigt und dass folglich mit zunehmender Ansatzhöhe gehäuft Merkmale für Xeromorphie, die für Sonnenblätter typisch sind, auftreten.

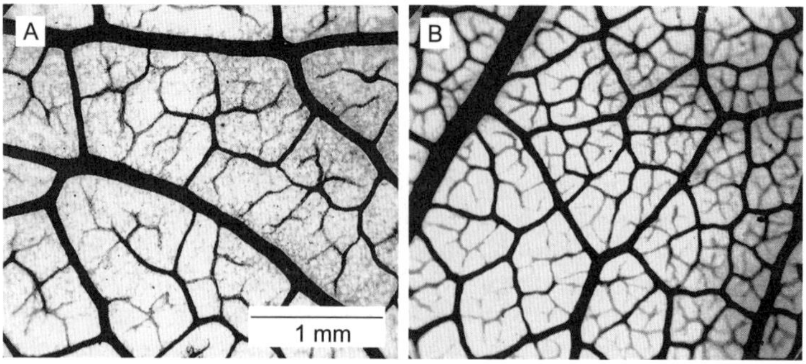

Abb. 3: Leitbündelmuster von *Pouteria cf. trilocularis* (A) und *P. aff. anibaefolia* (B)

2.1 Erläutern Sie die Struktur-Funktionsbeziehung eines typischen pflanzlichen Leitbündels. 6

2.2 Beschreiben Sie vergleichend die beiden Leitbündelnetzausschnitte aus Abb. 3 und stellen Sie einen Zusammenhang zum Bau von Sonnen- bzw. Schattenblättern anhand der ZALENSKI-Regel her.
Begründen Sie Ihre Aussagen. 8

3 Abb. 4 zeigt eine unbeschriftete ökologische Toleranzkurve.

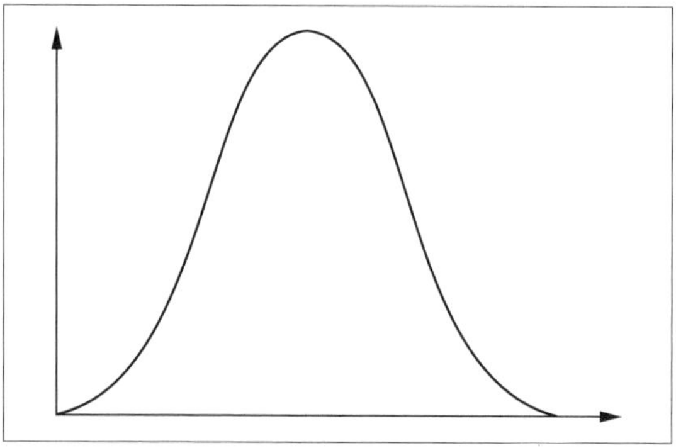
Abb. 4: Ökologische Toleranzkurve

3.1 Beschriften Sie die Grafik so, dass sie auf den Faktor Licht anwendbar ist. 5

3.2 Tragen Sie in ein Koordinatensystem (siehe Abb. 4) jeweils eine typische Lichttoleranzkurve für Sonnen- und Schattenpflanzen ein und untersuchen Sie die Kurvenverteilung unter dem Aspekt der ökologischen Nische. 10

50

Lösung

Inhalte: inter- und intraspezifische Konkurrenz, Bodenerosion, Basiskonzept Struktur-Funktion, Bau eines bifazialen Laubblattes, xero- und hygromorpher Blattbau, Sonnen- und Schattenblätter/-pflanzen, ökologische Toleranzkurven, ökologische Nische

1.1 Vermutung: Falls im Wald lediglich die drei abgeholzten Bäume fehlen, könnte der Regenwaldabschnitt nun auf eine Reihe niedriger, annähernd gleich hoher Bäume beschränkt sein, mit großen Lücken dazwischen. Dort könnte bei starkem Regen Boden weggeschwemmt werden, was auch einen Mineralstoffverlust bedeuten würde. An den kahlen Stellen könnten sich alternativ auch sonnenliebende Pflanzen ansiedeln.

Abb. 2 zeigt folgende Befunde: Nicht nur die drei „Urwaldriesen" fehlen. Der Waldabschnitt weist auch eine deutliche Lücke in der Mitte sowie einige umgeknickte Bäume auf, obwohl hier gar keine Bäume entfernt wurden. Diese zusätzlichen Schäden wurden in erster Linie durch die schweren Fahrzeuge verursacht (Schneisen für die Fahrspur, Abknicken durch die Fahrzeuge selbst). Der Holztransport hatte weitere negative Auswirkungen (Herausreißen von Bodenpflanzen, Abreißen von Baumkronen etc.). Zudem wurde der Boden durch das Gewicht der Fahrzeuge so stark verdichtet, dass er dem Wurzelwerk der Bodenpflanzen keine Wachstumsgrundlage mehr bot. Diese starben somit an den betroffenen Stellen ab.

1.2 Mögliche Auswirkungen großflächiger Abholzungsmaßnahmen: *(zwei Aspekte sind jeweils verlangt)*

Auswirkungen auf die **Artenvielfalt**:

- mittelfristig Aussterben von Pflanzenarten, zunächst derjenigen, zu denen die Nutzhölzer gehören, dann solcher, die durch den Abschlag regelmäßig mit zerstört werden
- Zerstörung von Lebensräumen für viele Tierarten, die bodennah im dichten Laub, an den Stämmen und in den Kronen der Bäume ihre Behausung haben, brüten oder Schutz suchen. Es folgt die Gefährdung bis hin zum Aussterben der betroffenen Tierarten.
- Gefährdung von Bodenorganismen durch Bodenerosion (Abtragung der Bodenoberfläche durch Wasser aufgrund fehlender Stabilisierung durch Baumwurzeln)

Auswirkungen auf **biotische Wechselbeziehungen**:

- Gefährdung von Symbionten der (hohen) Bäume, wie Kletterpflanzen und Pilze
- Störung von Biozönosen, an denen Bodenorganismen beteiligt sind, durch Erosion der Bodenoberfläche

Auswirkungen auf das **Klima**:
- erhöhte Freisetzung von Kohlenstoffdioxid; Kohlenstoffdioxidbindung und Sauerstoffabgabe in den betroffenen Waldgebieten gehen zurück
- Veränderung des Wetters, Niederschlagsrückgang

1.3 Grundsätzlich müsste das Entfernen von Bäumen die intra- und interspezifische Konkurrenz um Licht, Bodenwasser und Nährstoffe reduzieren, denn aufgrund des dichten Pflanzenbewuchses ist die Konkurrenz um Licht im Regenwald besonders hoch. Hier sind insbesondere Lichtholzarten betroffen sowie solche, die dem Boden einseitig Nährstoffe entziehen. Des Weiteren könnten Schattenpflanzen durch die nun unverhältnismäßig hohe Lichteinstrahlung absterben. Für Pionierpflanzen könnten sich (bei größeren Kahlschlagflächen) günstigere Lebensbedingungen ergeben.
Da jedoch durch die Abholzungsmaßnahmen auch Bäume geschädigt und die Bodenressourcen für die Pflanzenwurzeln schlechter zugänglich gemacht wurden, wird zwar die Konkurrenz zwischen den Individuen vermindert, der Vorteil kommt jedoch kaum zum Tragen, da vermutlich die übrigen genannten Auswirkungen überwiegen *(vgl. auch Aufg. 1.1 und 1.2).*

2.1 Ein Leitbündel erfüllt zwei Funktionen. Die aus toten, lang gestreckten Zellen bestehenden Wasserleitungsbahnen (**Xylem**) dienen zum Wasser-Nährsalz-Transport vom Boden über die Wurzel bis in die Laubblätter. Damit diese Zellen dem dabei entstehenden Sog standhalten können, besitzen sie im Innern stabilisierende, verholzte Strukturen. Den zweiten Funktionsbereich eines Leitbündels machen die aus lebendem Gewebe bestehenden Siebzellen (**Phloem**) aus. Sie sind in der Lage, durch aktiven Transport Fotosyntheseprodukte (z. B. Glucose) aus den grünen Pflanzenteilen in unterirdische Speicherorgane zu überführen.

2.2 Abb. 3B zeigt im Vergleich zu Abb. 3A ein wesentlich dichteres Leitbündelnetz. Daraus ist zu schließen, dass es bei *P. cf. trilocularis* (A) weniger Leitbündel pro Flächeneinheit gibt als bei *P. aff. anibaefolia* (B). Da Sonnenblätter einen insgesamt kompakteren Blattaufbau mit Merkmalen von Xerophyten besitzen – so ein vergleichsweise besser ausgeprägtes Leitbündelsystem –, ist Abb. 3B einem Sonnenblatt zuzuordnen, während das nicht so dichte Leitbündelnetz in Abb. 3A in einem eher **hygromorphen** Schattenblatt anzutreffen wäre. Diese Beziehung zwischen dem Xeromorphiemerkmal „höhere Leitbündeldichte“ und dem xeromorphen Sonnenblatttypus wird durch die ZALENSKI-Regel bestätigt. Zudem ordnet ZALENSKI Sonnenblätter einer höheren Position am Baum zu als Schattenblätter.

3.1

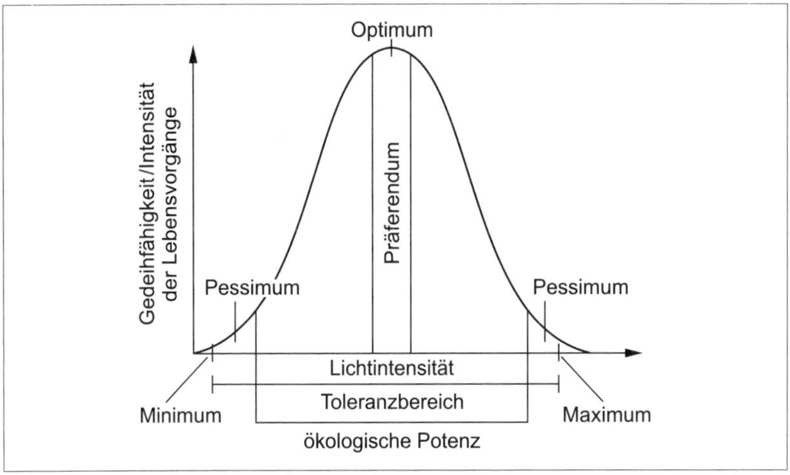

3.2

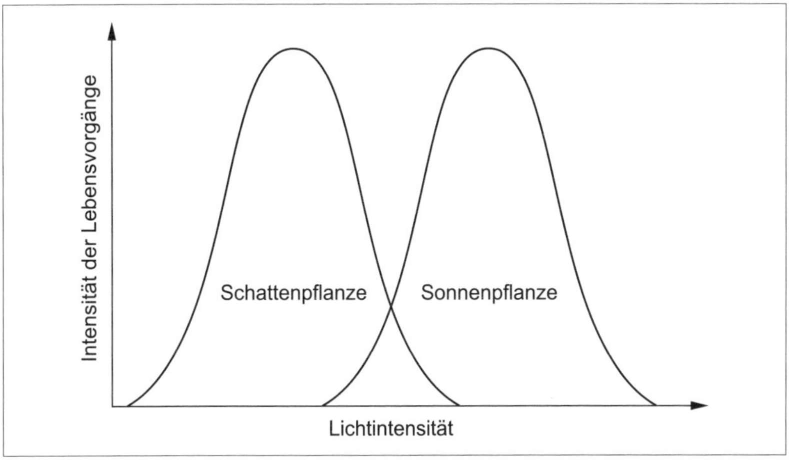

Sowohl Sonnen- als auch Schattenpflanzen bilden ökologische Nischen bzgl. ihrer Lichttoleranz aus. Sonnenpflanzen benötigen höhere Lichtintensitäten für eine optimale Fotosyntheseleistung, während Schattenpflanzen schon bei geringeren Lichtintensitäten ihre höchste Fotosyntheseaktivität entwickeln. Da sich die Lichtintensitätsbereiche nur minimal überschneiden, kommt es hier zu keiner nennenswerten interspezifischen Konkurrenz. Hier liegt somit **Konkurrenzverminderung** vor. Das ist ein typisches Merkmal ökologischer Nischen.

Klausuren Biologie
Klausur 18: Ökologie (Bearbeitungszeit: 80 min)

Variationen bei Räuber-Beute-Beziehungen – keine Regel ohne Ausnahme Punkte

1 Der Gestreifte Chorfrosch *(Pseudarcis trisriata)* kommt ausschließlich im nordamerikanischen Lake Superior vor und besiedelt dort die Teiche einiger Inseln. Zu den Fressfeinden der Kaulquappen dieser Froschart gehören u. a. die Larven der Amerikanischen Königslibelle *(Anax laterale)* und Schwimmkäfer aus der Familie *Dytiscidae*. Untersuchungen dieser Gewässer ergaben, dass *Pseudarcis*-Kaulquappen in Teichen, in denen auch Libellenlarven existierten, deutlich seltener waren als in Teichen, in denen lediglich Schwimmkäfer als Fressfeinde vorkamen.
In mehreren Experimenten wurde untersucht, wie sich speziell die An- bzw. Abwesenheit von Königslibellenlarven auf die Population der Gestreiften Chorfrösche auswirkte. Dabei setzte man Kaulquappen und Libellenlarven in unterschiedlichen Kombinationen in die Untersuchungsgewässer. Vor Versuchsbeginn befanden sich in den Teichen A und B keine Libellenlarven, jedoch zahlreiche Kaulquappen. In den Teichen C und D lebten zahlreiche Libellenlarven, jedoch keine Kaulquappen.

Versuchsbedingungen:

Teich A: Es wurden keine Libellenlarven eingesetzt.
Teich B: Es wurden 33 Libellenlarven eingesetzt.
Teich C: Es wurden alle Libellenlarven bis auf sieben Exemplare entfernt und 112 Kaulquappen eingesetzt.
Teich D: Es wurden zu den vorhandenen 95 Libellenlarven 234 Kaulquappen eingesetzt.

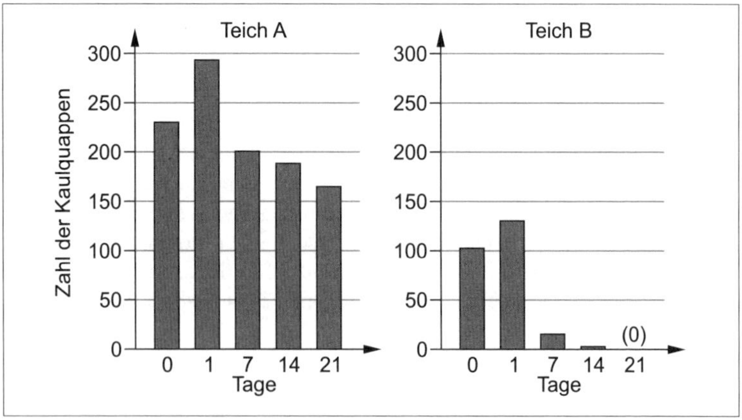

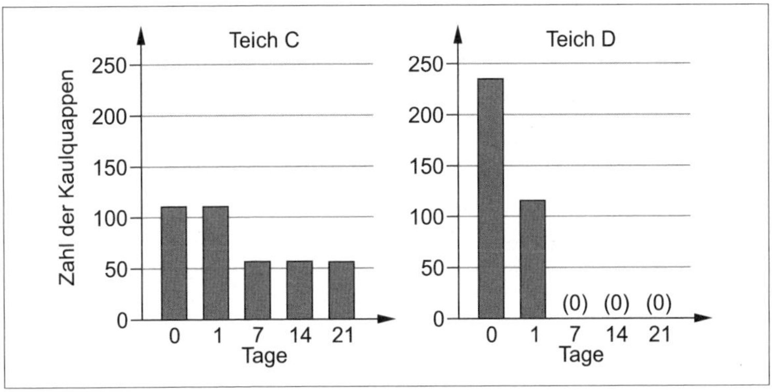

Abb. 1: Anzahl der Kaulquappen in den vier Untersuchungsgewässern A bis D

1.1 Beschreiben Sie anhand von Abb. 1 und den unter 1 gegebenen Informationen die experimentelle Vorgehensweise und die Versuchsergebnisse. 6

1.2 Erläutern Sie die erzielten Versuchsergebnisse vor dem Hintergrund der zwischen Libellenlarven und Kaulquappen bestehenden Räuber-Beute-Beziehung sowie anhand der Informationen des Textes. Üben Sie dabei ggf. konstruktive Versuchskritik. 8

2 Ein klassisches Beispiel für eine Räuber-Beute-Beziehung stellen die regelmäßigen Schwankungen der Populationen von Schneeschuhhasen *(Lepus americanus)* und Kanadaluchsen *(Lynx canadensis)* dar. Verbürgte Daten stammen vor allem von der Hudson Bay Company aus der Mitte des 18. Jahrhunderts bis in die 30er-Jahre des 20. Jahrhunderts in Form der dort angelieferten Felle erlegter Tiere (siehe Abb. 2).

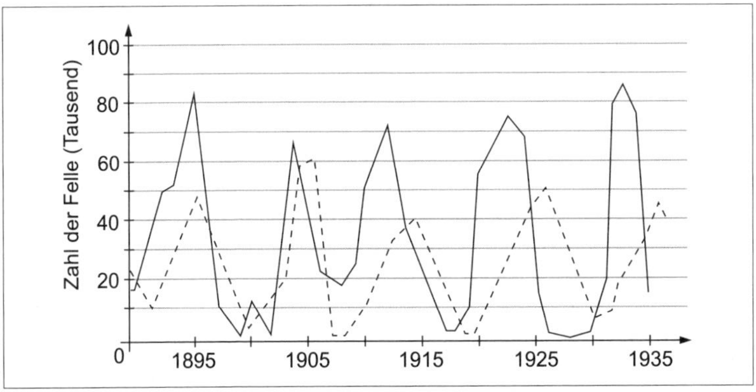

Abb. 2: Angelieferte Felle von Schneeschuhhasen (durchgezogene Linie) und Luchsen (gestrichelte Linie)

Vor einigen Jahren überprüften Biologen die Populationsentwicklung von *Lepus americanus* im kanadischen Yukon Territory hinsichtlich der Räuber und des für die Hasen verfügbaren Nahrungsangebots. Die Forscher steckten hierfür Bereiche von je einem Quadratkilometer ab und veränderten bei einzelnen Gebieten (A bis D) die Umweltbedingungen:
In einigen Arealen wurde zusätzliche Nahrung für die Schneeschuhhasen ausgelegt (A). Die Areale B wurden mit einem Elektrozaun umgeben, dessen Maschen für die Hasen, nicht aber für die Luchse passierbar waren. Die Areale C wurden extra gedüngt und die Areale D sowohl mit einem Elektrozaun umgeben als auch mit zusätzlichem Futter bestückt. Auf anderen Flächen wurden keine Veränderungen vorgenommen. Diese dienten als Kontrolle.

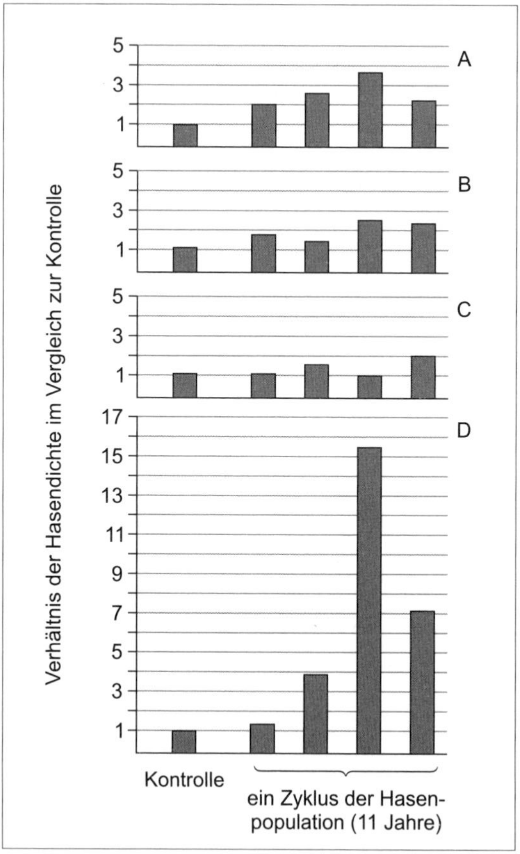

Abb. 3: Entwicklung der Hasenpopulation während des Versuchszeitraums

Über einen Zeitraum von elf Jahren wurde viermal in regelmäßigen Abständen die Populationsdichte in diesen Arealen gemessen und mit der Individuenzahl der Schneeschuhhasen aus nicht manipulierten Arealen verglichen. Die Versuchsergebnisse in Abb. 3 geben jeweils die in den Arealen A bis D gemessene Hasendichte im Verhältnis zur Populationsdichte in den Kontrollarealen wieder. Dabei wurde die Anzahl der Tiere in den nicht manipulierten Gebieten jeweils als „1“ angesetzt.

2.1 Beschreiben Sie anhand von Abb. 3 und des Textes (2) die experimentell erfassten Versuchsergebnisse. 6

2.2 Legen Sie dar, welche Rückschlüsse die erzielten Versuchsergebnisse auf das Räuber-Beute-System Kanadaluchs/Schneeschuhhase zulassen. Begründen Sie Ihre Schlussfolgerungen und erläutern Sie, welche Aspekte einer näheren Überprüfung bedürfen. 8

2.3 Die **LOTKA-VOLTERRA-Regeln** gehen von ganz bestimmten Grundannahmen aus. Nennen Sie diese Annahmen und setzen Sie anschließend die erste LOTKA-VOLTERRA-Regel sowohl zu Abb. 2 als auch zu den von Ihnen gewonnenen Erkenntnissen aus der Experimentreihe in Abb. 3 in Beziehung. 8

2.4 Diskutieren Sie, inwieweit die LOTKA-VOLTERRA-Regeln einen allgemeingültigen Charakter für die Populationsdynamik haben können. Ziehen Sie dabei auch Belege aus den beiden dargestellten Experimentreihen (Abb. 1 und Abb. 3) heran. 8

44

Lösung

Inhalte: Räuber-Beute-Beziehungen, LOTKA-VOLTERRA-Regeln, Artenverdrängung, Einschränkung von Lebensräumen, Einfluss von Nahrungsbedingungen für die Beute, Einfluss von Feindausschluss, Konkurrenzverhalten

1.1 *Die Beschreibung und die später geforderte Analyse werden Ihnen leichter fallen, wenn Sie die einzelnen Versuchsansätze zunächst systematisch zusammenfassen und dann in diesem Kontext auswerten.*

Die Auswirkungen der Anwesenheit von Larven der Amerikanischen Königslibelle auf eine Kaulquappen-Population des Gestreiften Chorfrosches wurden in zwei getrennten Doppelversuchen analysiert. Zwei der vier Teiche (A und B) enthielten ursprünglich keine Libellenlarven, jedoch zahlreiche Kaulquappen. In den beiden anderen Teichen C und D verhielt es sich genau umgekehrt.
Bei Abwesenheit von Libellenlarven nahm die Anzahl der Kaulquappen in **Teich A** nach anfänglichem Zuwachs während der 21 Versuchstage langsam von knapp 300 Tieren auf etwa 160 Tiere ab. In **Teich B**, der mit 33 Libellenlarven bestückt worden war, stieg der Ausgangsbestand von 100 Tieren zunächst auf ca. 130 Tiere am ersten Versuchstag. Nach einer Woche war der Bestand auf ca. zehn Tiere und nach einer weiteren Woche auf nur mehr ein Tier zurückgegangen. Bei der letzten Kontrolle sechs Tage später konnten keine Kaulquappen mehr vorgefunden werden.
In **Teich C** verblieb nach anfänglichem Rückgang eine annähernd konstante Anzahl an Froschlarven. Zu den sieben Libellenlarven wurden 112 Kaulquappen eingesetzt. Die Anzahl der Kaulquappen änderte sich bis zum ersten Versuchstag nicht, bis zum siebten Tag wurde die Population auf die Hälfte dezimiert und blieb bis zum letzten Versuchstag konstant.
Nachdem in **Teich D** 234 Kaulquappen zu den bereits ansässigen 95 Libellenlarven gesetzt worden waren, konnte schon am ersten Versuchstag eine Abnahme der Froschlarvendichte auf ca. 110 Tiere beobachtet werden. Sechs Tage später waren in diesem Gewässer keine Kaulquappen mehr vorhanden.

1.2 *Analysieren Sie hier am besten zunächst die Versuchsergebnisse aus den vier Teichen und anschließend die Auswirkungen, die die Anwesenheit anderer Räuber auf die Beutepopulation hat. An den entsprechenden Stellen können Sie konstruktive Versuchskritik üben.*

Die Entwicklung der Häufigkeiten der Kaulquappen entspricht den Erwartungen für eine Räuber-Beute-Beziehung mit unterschiedlicher Räuber-Beute-Gewichtung. Betrachtet wird hier allerdings nur die direkte Wechselwirkung zwischen *einem* Räuber und seiner möglichen Beute. Andere Räuber- und Beuteorganismen werden bei diesem Versuchsansatz ausgeblendet. Sind keine Larven der Amerikanischen Königslibelle vorhanden, so unterliegt die Anzahl der Kaulquappen dem normalen **Konkurrenzverhalten** der Tiere untereinander sowie

der Verfügbarkeit von Ressourcen und eventuell weiteren Fressfeinden. Dies kann aus der Abnahme der Tierzahl ab der ersten Woche geschlossen werden (Teich A). Die kurzfristige Zunahme der Kaulquappenzahl ist vermutlich damit zu erklären, dass weitere Chorfroschweibchen abgelaicht haben, was auch für Teich B wahrscheinlich ist. Kommen Libellenlarven im Teich hinzu (B), sorgen sie für eine drastische Dezimierung der Chorfroschlarven bis zu deren vollständiger Vernichtung nach spätestens drei Wochen. In den Teichen C und D des zweiten Doppelversuchs wird die Relation von Räuber- und Beute-Häufigkeit zueinander untersucht. Die in Teich C eingesetzten Kaulquappen sind bereits nach einer Woche durch die dort anwesenden Königslibellenlarven auf die Hälfte dezimiert. Die Libellenlarven scheinen hier aber nicht sämtliche Kaulquappen erbeuten zu können, da sich deren Anzahl über einen längeren Zeitraum konstant bei ca. 55 Tieren hält. Möglicherweise ist es der Beute gelungen, durch ein Verbergeverhalten den nur sieben Räubern „aus dem Wege zu gehen". Anders sieht es aus, wenn das Verhältnis von Libellenlarven zu Kaulquappen nicht 1:16 (Teich C), sondern ca. 1:2,5 (Teich D) beträgt. Der „Übermacht" der Königslibellenlarven gelingt es spätestens nach einer Woche, alle Chorfroschlarven im Gewässer zu eliminieren.
Die Ergebnisse der beiden Versuchsreihen machen deutlich, dass es den Larven der Amerikanischen Königslibelle – eine entsprechende Anzahl an Individuen vorausgesetzt – gelingt, Kaulquappen in Teichen, die ansonsten geeignete Habitate für die Chorfroschlarven darstellen, massiv zu dezimieren bzw. komplett zu beseitigen und somit das Verbreitungsgebiet ihrer Beute klar zu begrenzen. Anderen Fressfeinden der Kaulquappen, so den *Dytiscidae*-Schwimmkäfern, gelingt dies offensichtlich nicht. Da bei allen Versuchen keine Manipulationen an deren Individuenzahl vorgenommen wurden, können Chorfroschlarven im gleichen Gewässer überleben, in dem auch die räuberischen Schwimmkäfer existieren.
Problematisch bei der Bewertung und Deutung der Versuchsreihen bleibt, dass konkrete Aussagen über die Anwesenheit und die Anzahl weiterer Fressfeinde der Chorfroschkaulquappen fehlen. Da die Ziel- und Ausrichtung der Experimente klar ist, nämlich die Rolle der Königslibellenlarven als Räuber zu untersuchen, sind die erzielten Versuchsergebnisse zwar recht eindeutig; allerdings bleibt die konkrete Rolle anderer Räuber, speziell des Schwimmkäfers aus der Familie *Dytiscidae*, unbestimmt. Möglicherweise ist ihm ein Teil der „Verluste" an Kaulquappen im Teich A zuzuschreiben.

2.1 *Beachten Sie bei Ihren Darlegungen, dass in Abb. 2 für den „Zyklus der Hasenpopulation" jeweils vier Messergebnisse angegeben werden. Diese sollten Sie vergleichen und daraus Ihre Rückschlüsse auf den Einfluss der jeweils veränderten Bedingungen ziehen.*

In mehreren Experimenten wurde über einen Zeitraum von elf Jahren hinweg die Räuber-Beute-Beziehung zwischen Kanadaluchs und Schneeschuhhase untersucht. Dabei nahmen die Forscher gezielte Veränderungen in den von ihnen ausgewählten Arealen (konstanter Größe) vor. Im ersten Fall (A) wurde auf der Fläche Nahrung für die Hasen ausgelegt. In einem anderen Arealtyp (B) schloss man die Räuber durch einen für Luchse unpassierbaren Elektrozaun aus. Das Areal C wurde von den Experimentatoren zusätzlich gedüngt. Ein viertes Gebiet (D) umgab wie Areal B ein kleinmaschiger Elektrozaun. Zusätzlich wurde Nahrung für die Schneeschuhhasen ausgelegt.

Im Vergleich zu den Kontrollbereichen führte das Hinzufügen von Nahrung in **Areal A** über elf Jahre hinweg zunächst zu einer Verdopplung des Hasenbestandes. Die Anzahl der Tiere nahm weiter bis auf maximal knapp das Vierfache des Kontrollgruppenbestandes zu und sank gegen Ende des Untersuchungszeitraums wieder auf gut das Doppelte. Wurde der Luchs aus dem Gebiet verbannt (**B**), so kam es ebenfalls zu einem Populationszuwachs: Nahezu konstant konnten mehr als doppelt so viele Hasen gezählt werden. Demgegenüber rief eine Verbesserung des Nahrungsangebots im **Arealtyp C** durch zusätzliches Ausbringen von Dünger keinen so deutlichen Effekt hervor: Maximal konnte eine Verdopplung der Anzahl von Schneeschuhhasen beobachtet werden, mit dem höchsten Wert bei der letzten Messung. Mit Abstand die deutlichsten Unterschiede zeigten sich in den **Arealen D**, die sowohl für die Räuber unzugänglich als auch mit zusätzlicher Nahrung versehen waren. Die Zahl der Schneeschuhhasen lag hier bei der zweiten Messung beim Vierfachen, bei der dritten Messung beim gut Fünfzehnfachen und bei der vierten Messung rückläufig beim Siebenfachen des Bestandes der Kontrollpopulation.

2.2 Die Schlussfolgerungen aus dem Langzeitexperiment können folgende sein: Ob das betrachtete Gebiet gedüngt wird (C) oder nicht, spielt in Bezug auf die Individuenzahl der dort lebenden Schneeschuhhasen keine entscheidende Rolle. Viel wichtiger als die Verbesserung der Wachstumsbedingungen des lokalen Pflanzenbestandes durch Düngung ist die tatsächliche, unmittelbare Steigerung des Nahrungsangebots für die Tiere. Sie wirkt sich deutlich auf die Anzahl der Hasen in Areal A aus. Anhand des vorliegenden Materials kann allerdings nicht eindeutig bestimmt werden, ob oder zu welchen Teilen der Populationszuwachs durch Zuwanderung von außen oder durch verbesserte Fortpflanzungsmöglichkeiten bedingt ist. Gleiches gilt im umgekehrten Fall für einen späteren Abfall der Individuenzahl, der durch eine angewachsene Räuberpopulation bedingt sein könnte (siehe Abb. 2). Die Ursachen müssten jeweils noch näher untersucht werden. Von ähnlicher Bedeutung wie eine Zunahme des Nahrungsangebots, wenn auch nicht mit so deutlichem Anstieg der Individuenzahl verbunden, ist die Abwesenheit des Fressfeindes Kanadaluchs.

Die mit Abstand höchste Populationsdichte der Beutetiere wird aber dann erzielt, wenn sowohl zusätzliche Nahrung zur Verfügung steht als auch der Fressfeind Luchs keinen Zutritt zum Areal erhält – ein Ergebnis, das aufgrund der äußeren Versuchsbedingungen nicht überrascht. Die immens hohen Populationszahlen aufgrund des Wegfalls der limitierenden Faktoren Ressource und Feind gehen hier – wahrscheinlich bedingt durch innerartliche Konkurrenz um

die knapp werdenden Ressourcen Nahrung und Raum – ab einem bestimmten Hasenbestand wieder zurück.
Besonders interessant ist der Befund, dass die in einem bestimmten Gebiet verfügbare Nahrung für die Anzahl der dort lebenden Hasen zumindest ebenso wichtig ist wie der Ausschluss des Fressfeindes aus diesem Areal.

2.3 *Legen Sie zunächst konkret die Grundannahmen dar, auf denen die LOTKA-VOLTERRA-Regeln basieren. Davon ausgehend können Sie Abb. 2 und die Experimentreihe (Abb. 3) sowie Ihre Erkenntnisse daraus mit einbeziehen.*

Die LOTKA-VOLTERRA-Regeln beschreiben die Beziehungen zweier Arten, die zueinander in einem Räuber-Beute-Verhältnis stehen. Sie gehen von konstant bleibenden Umweltbedingungen aus und sind von den folgenden vier Grundannahmen abhängig:
- In einer betrachteten Räuber-Beute-Beziehung ernährt sich der betrachtete Räuber nur von diesem einen Beutetier.
- Der Räuber stellt in dieser Beziehung den einzigen Fressfeind der betrachteten Beuteart dar.
- Die Beutetiere weisen eine konstante Geburtenrate auf.
- Die Beutetiere leben in einem geschützten, heterogenen Gebiet und können aufgrund dieser nicht gleichförmigen Umgebung von ihren Räubern nicht komplett dezimiert werden.

Die Statistiken der Hudson Bay Company zwischen 1890 und 1935 aus Abb. 2 bestätigen die erste LOTKA-VOLTERRA-Regel. Dieses „**Gesetz des periodischen Zyklus**“ besagt, dass sich immer dann, wenn sich eine Art als Räuber von einer anderen Art als Beute ernährt und die Grundannahmen erfüllt sind, für die Maxima beider Populationen phasisch gegeneinander verschobene Häufigkeitskurven ergeben und das Maximum des Räubers auf das seiner Beute folgt. Durch die Anlieferung der entsprechenden Felle konnten diese ausgeprägten Populationszyklen bei beiden Tierarten belegt werden. Setzt man nun zum einen die Felle mit Individuen gleich und geht zum anderen von einer gleichmäßigen Bejagung aus, so ergibt sich das Bild, dass die Anzahl der Kanadaluchse niemals die Menge der Schneeschuhhasen übersteigt und keine Auslöschung der Beutepopulation erfolgt. Das Räuber-Beute-System ist hier „im Gleichgewicht“.
Die Ergebnisse der neueren Untersuchungen im kanadischen Yukon Territory liefern aber ein nuancierteres Bild. Die klar belegte Tatsache, dass die in einem Areal verfügbare Nahrung für die Anzahl der dort lebenden Schneeschuhhasen ebenso wichtig ist wie ein Ausschluss der Kanadaluchse aus diesem Gebiet, kommt bei der ersten wie bei den anderen beiden LOTKA-VOLTERRA-Regeln nicht zum Tragen. Damit wird eine wesentliche Komponente im Lebensraum der Hasen (die Nahrungsgrundlage) ausgeblendet und findet in den Beziehungen der Tiere zu ihren Fressfeinden keinen Niederschlag.

2.4 *Hier sollten Sie fundierte und konstruktive Kritik an den LOTKA-VOLTERRA-Regeln üben, indem Sie die bereits erwähnten Grundbedingungen kritisch hinterfragen.*

Bezüglich der Grundannahmen der LOTKA-VOLTERRA-Regeln müssen aufgrund der Komplexität jedes natürlich existierenden Ökosystems starke Zweifel an den Aussagen aufkommen. Die vier Voraussetzungen für die Gültigkeit der Regeln sind dort so gut wie nie erfüllt. Derart rigide Vorgaben werden eigentlich nur in Umgebungen angetroffen, die künstlich unter Laborbedingungen geschaffen wurden.
Die Untersuchungen zum Vorkommen der Kaulquappen des Gestreiften Chorfroschs belegen, dass Räuber durchaus dazu imstande sein können, ihre Beute auszurotten. Dies geschieht trotz der Tatsache, dass für die Kaulquappen ein heterogenes Biotop angenommen werden kann bzw. muss. Eine derartige Umgebung sollte eigentlich verhindern, dass die Beute von einem Räuber vollkommen ausgelöscht wird.
Die intraspezifische Konkurrenz als ein populationsregulierender Faktor findet bei LOTKA-VOLTERRA keinen Niederschlag. Des Weiteren verdeutlichen die Erkenntnisse, die bei der Untersuchung der Beziehungen zwischen Kanadaluchs und Schneeschuhhase gewonnen wurden, dass dem Räuber keine *alleinige* Regulationsfunktion zukommt – wie es nach LOTKA-VOLTERRA zu erwarten wäre. Wenigstens genauso bedeutsam scheint nach diesen Untersuchungen das jeweilige Nahrungsangebot für die Beutetiere zu sein.
Allgemein kann man daher in Bezug auf die LOTKA-VOLTERRA-Regeln die Aussage treffen, dass ihre Allgemeingültigkeit nur unter Laborbedingungen gewährleistet ist, da nur dort – unter kontrollierten Bedingungen – all jene Faktoren ausgeblendet werden können, die in der Natur ein Ökosystem auszeichnen.

Klausuren Biologie
Klausur 19: Evolution (Bearbeitungszeit: 60 min)

Insekten – die artenreichste Klasse der Gliederfüßer

Punkte

Bisher sind etwa 900 000 verschiedene Insektenarten wissenschaftlich beschrieben; Forscher vermuten jedoch, dass noch ein Vielfaches an unentdeckten Arten existiert. Damit bilden die Insekten die artenreichste Tierklasse, ihre Vertreter haben fast alle Lebensräume der Erde besiedelt.

1 2004 konnten amerikanische Wissenschaftler *Rhyniognatha hirsti,* ein bis dato nur ungenau bestimmtes Fossil aus dem roten Sandstein Schottlands, eindeutig den Insekten zuordnen. Damit ist es das älteste bekannte Insekt und möglicherweise aufgrund abgeleiteter Merkmale, die es mit geflügelten Insekten teilt, Beleg für den Ursprung von Insektenflügeln im Devon. Es besiedelte vor etwa 400 Millionen Jahren die Erde und gehört vermutlich der Ordnung der Käfer an.

1.1 Definieren Sie den Begriff „Fossil“. 2

1.2 Erläutern Sie die Bedeutung von Fossilien für die Evolutionslehre. 2

1.3 *Rhyniognatha hirsti* sieht einer Eintagsfliege sehr ähnlich und wurde aufgrund der Kieferstruktur (Mandibeln) von den Wissenschaftlern den Insekten zugeordnet.
Geben Sie an, welcher Artbegriff dieser Zuordnung zugrunde liegt, und erläutern Sie diesen. 3

2 Der wesentliche Evolutionsschritt zur außerordentlichen Verbreitung und Artenvielfalt der Insekten war das Fliegen. Da allerdings keinerlei fossile Funde Aufschluss über diesen Evolutionsschritt geben, ist die Entwicklung des Fliegens nicht eindeutig geklärt. Eine Hypothese geht davon aus, dass der Insektenflügel durch kurze und bewegliche Ausstülpungen der Cuticula, dem chitinhaltigen Exoskelett der Insekten, entstanden ist.

2.1 Erklären Sie die Entwicklung des Insektenflügels ausgehend von Ausstülpungen der Cuticula mit den Argumenten von CHARLES DARWIN. 6

2.2 Kreuzen Sie alle richtigen Aussagen nach der erweiterten Theorie der Evolution an. 4

- ☐ Modifikationen werden an die Nachkommen vererbt.
- ☐ Modifikatorische Variabilität ist für die Evolution ganz selten von Bedeutung.
- ☐ Neutrale Mutationen bezeichnet man unter Umständen auch als Präadaptationen.

- ☐ Mutationen sind plötzliche, gerichtete, erbliche Veränderungen eines Merkmals.
- ☐ Selektion kann ohne vorausgegangene Mutation nicht zum Tragen kommen.
- ☐ Rekombination bezeichnet die verschiedenen Möglichkeiten der Kombination des genetischen Materials durch geschlechtliche Fortpflanzung.
- ☐ Geschlechtliche Fortpflanzung ist bei sich verändernden Umweltbedingungen günstiger als ungeschlechtliche Fortpflanzung.
- ☐ Fortpflanzung ist gleichbedeutend mit Vermehrung.

2.3 Auf den Kerguelen, einer ständig sturmumtosten Inselgruppe nördlich der Antarktis, gibt es mehrere flügellose Insektenarten. Interpretieren Sie diesen Befund aus der Sicht der erweiterten Evolutionstheorie. 8

3 Auffällig gefärbte Tiere sollte es nach dem Selektionsprinzip nicht geben. Dem widersprechen scheinbar folgende Beobachtungen bei Insekten:

a) In Höhlen werden gelegentlich weiße Käfer beobachtet.

b) Die Flügelspannweite des Malaysischen Blattschmetterlings *Kallima paralekta* beträgt etwa 9 bis 13 cm und die Flügeloberseiten sind leuchtend lilablau und orange gefärbt. Im zusammengeklappten Zustand ähneln die Flügel jedoch durch ihre braune Musterung einem verwelkten Blatt.

c) Die Hornisse ist die größte in Mitteleuropa lebende Art der Familie der Faltenwespen. Die meisten Vertreter dieser Familie sind auffällig schwarz-gelb gefärbt und die weiblichen Mitglieder wegen ihres Stachelapparates mit Giftdrüse bekannt.

d) Neben der wehrhaften Hornisse *Vespa crabro* lebt im gleichen Gebiet auch die harmlose und sehr seltene Hornissenschwebfliege *Volucella zonaria*. Beide Arten zeigen auffällige schwarz-gelbe Färbungen.

Abb. 1: Hornissenschwebfliege

Legen Sie detailliert dar, worin die Ursachen für die oben geschilderten Phänomene zu suchen sind. 16

4 Zur Nahrungsaufnahme dienen Insekten drei Paar Mundgliedmaßen, bestehend aus Oberkiefern, Unterkiefern und Unterlippen. Diese werden von der Oberlippe, einer Ausstülpung der Kopfkapsel, überdeckt.

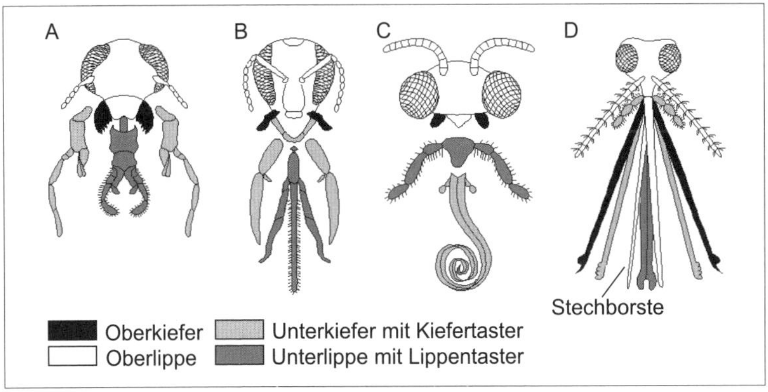

Abb. 2: Mundwerkzeuge von Schabe (A), Honigbiene (B), Schmetterling (C) und Stechmücke (D)

4.1 Nennen Sie die Hauptkriterien zur Ermittlung von Homologien und erläutern Sie diese jeweils kurz anhand eines Beispiels Ihrer Wahl. 7

4.2 Geben Sie begründet an, ob die in Abb. 2 dargestellten Mundwerkzeuge homolog oder analog zueinander sind. 3

4.3 Stellen Sie eine begründete Hypothese für die erkennbaren Unterschiede bei den abgebildeten Mundwerkzeugen (Abb. 2) auf. 3

54

Lösung

Inhalte: Bedeutung von Fossilien, Artbegriff, Evolutionstheorie nach DARWIN, erweiterte Theorie der Evolution, Evolutionsfaktoren, Homologie und Analogie

1.1 Als Fossilien werden die Überreste von Lebewesen aus früheren Erdzeitaltern bezeichnet.

1.2 Der Vergleich von Fossilien unterschiedlicher Erdzeitalter zeigt, dass ältere Fossilien andere Baupläne aufweisen als jüngere. Fossilien belegen dadurch die Veränderlichkeit der Arten.

1.3 Die Zuordnung erfolgt nach dem **morphologischen Artbegriff**. Danach werden alle Lebewesen, die untereinander und mit ihren Nachkommen in wesentlichen Merkmalen übereinstimmen, zu einer Art zusammengefasst.

2.1 Bei den Vorfahren der Insekten gab es eine **Überproduktion an Nachkommen**. Unter den Nachkommen besaßen aufgrund der ungerichteten **Variabilität** einzelne Individuen deutlich vergrößerte Cuticula-Ausstülpungen. Diese Individuen konnten aufgrund einer größeren Tragfläche eventuell kurze Strecken fliegen und hatten im „Kampf ums Dasein“ gegenüber Konkurrenten einen Vorteil. Diese besser angepassten Individuen überlebten durch die **natürliche Auslese**, da sie vor Fressfeinden leichter fliehen oder schneller von Futterpflanze zu Futterpflanze gleiten konnten. Sie waren in der Lage, sich häufiger **fortzupflanzen** und daher das vorteilhafte **Erbgut** an die Nachkommen weiterzugeben. Über viele **Generationen** hinweg kam es so zu einer Ausbildung der Flügel.

2.2
- ☐ Modifikationen werden an die Nachkommen vererbt.
- ☐ Modifikatorische Variabilität ist für die Evolution ganz selten von Bedeutung.
- ☒ Neutrale Mutationen bezeichnet man unter Umständen auch als Präadaptationen.
- ☐ Mutationen sind plötzliche, gerichtete, erbliche Veränderungen eines Merkmals.
- ☐ Selektion kann ohne vorausgegangene Mutation nicht zum Tragen kommen.
- ☒ Rekombination bezeichnet die verschiedenen Möglichkeiten der Kombination des genetischen Materials durch geschlechtliche Fortpflanzung.
- ☒ Geschlechtliche Fortpflanzung ist bei sich verändernden Umweltbedingungen günstiger als ungeschlechtliche Fortpflanzung.
- ☐ Fortpflanzung ist gleichbedeutend mit Vermehrung.

2.3 Bei den Vorfahren der verschiedenen flügellosen Insektenarten kam es zur Überproduktion an Nachkommen. Unter diesen trat durch **Mutation** und **Rekombination** eine ungerichtete genetische **Variabilität** auf, beispielsweise waren die Flügel nur schwach ausgebildet oder sie fehlten ganz. Diese flugunfähigen Insekten hatten einen **Überlebensvorteil**, da sie auf der sturmumtosten Inselgruppe nicht auf das Meer hinaus geweht wurden. Dadurch fand eine **Selektion** statt. Die überlebenden Insekten hatten einen höheren Fortpflanzungserfolg, konnten vermehrt Nachkommen bilden und gaben ihr vorteilhaftes Erbgut erfolgreicher an ihre Nachkommen weiter. Auf diese Weise erfolgte über viele Generationen hinweg eine langsame **Verschiebung der Genhäufigkeiten** in Richtung des Fehlens der Flügel.

3 a) Die zufällige Mutation wäre eigentlich nachteilig, aber in einer Höhle gibt es nur wenige Fressfeinde; zudem herrscht Dunkelheit. Der **Selektionsdruck** ist daher sehr gering und die Überlebenschance damit trotz der auffälligen Färbung bzw. fehlenden Pigmentierung hoch.

b) Bei der **geschlechtlichen Zuchtwahl** bevorzugen Weibchen oft Männchen mit besonders gut ausgebildeten Merkmalen. Die auffällige Färbung dient zwar als sexueller Auslöser, vermindert aber gleichzeitig die Überlebenschance gegenüber Fressfeinden.
Der Blattschmetterling ahmt bei zusammengeklappten Flügeln das Aussehen eines verwelkten Blattes nach, dies wird als **Mimese** bezeichnet. Dadurch ist er perfekt in seiner Umgebung getarnt.

c) Hornissen signalisieren durch ihre **Warntracht** potenziellen Fressfeinden ihre Wehrhaftigkeit. Macht ein Fressfeind mit diesen Beutetieren schlechte Erfahrung, wird er Tiere mit dieser Warntracht in Zukunft meiden.

d) Die harmlose Schwebfliege ahmt das Aussehen der wehrhaften Hornisse nach, dies wird als **Mimikry** bezeichnet.
Der Vorteil für die wehrlose Art besteht darin, dass sie von möglichen Fressfeinden gemieden wird, da sie sie auch für wehrhaft halten.

4.1 **Kriterium der Lage:** Organe sind homolog, wenn sie im Bauplan die gleiche Lage einnehmen.
Beispiele:
- Vorderextremitäten der Landwirbeltiere (etwa Maulwurf – Fledermaus)
- Verdauungsorgane bzw. Blutkreisläufe der Wirbeltiere
- Insektenbeine

Kriterium der spezifischen Qualität: Organe werden bei gleichem Aufbau und gleicher Gestalt homologisiert.
Beispiele:
- Säugetierzähne und Hautschuppen bei Haien
- Gehirne verschiedener Wirbeltiere

Kriterium der Kontinuität: Unterschiedlich ausgebildete Strukturen, die aber über eine Reihe von vermittelnden Zwischenformen miteinander verbunden werden können, sind homolog.
Beispiele:
- Primäres Kiefergelenk bei Fischen, Amphibien, Reptilien und Vögeln – Gehörknöchelchen der Säugetiere
- Schwimmblase bei Knochenfischen – Lunge bei Landwirbeltieren
- Blutkreislauf bei Vögeln und Säugetieren mit gemeinsamer Zwischenform bei den Reptilien
- Beinskelett der verschiedenen Pferdevorfahren

Die angegebenen Beispiele sind Lösungsvorschläge. Je nach Behandlung im Unterricht sind weitere Beispiele denkbar.

4.2 Die Mundwerkzeuge der vier Insekten sind **homolog**.
Trotz fehlender äußerlicher Ähnlichkeiten ist das **Kriterium der Lage** erfüllt. Die Mundwerkzeuge nehmen im Bauplan der Insekten die gleiche Lage ein. Die Homologie weist somit auf die gemeinsame Abstammung hin.

4.3 Die Unterschiede in Funktion und Gestalt ergeben sich durch Angepasstheit der vier Insekten an die jeweils unterschiedliche Art der Nahrungsaufnahme. Während sich Schaben von Blättern ernähren und die weibliche Mücke Blut saugt, nehmen Bienen und Schmetterlinge Nektar zu sich.

Klausuren Biologie
Klausur 20: Evolution/Ökologie (Bearbeitungszeit: 90 min)

Altruismus bei Pflanzen

Punkte

1 Im „*American Journal of Botany*“ wurde 2009 eine ungewöhnliche Beobachtung bei einer im östlichen Nordamerika beheimateten Springkrautart (*Impatiens pallida,* fahles Springkraut) beschrieben. Offensichtlich können die Individuen von *I. pallida* zwischen näher und entfernter verwandten Artgenossen in ihrer Nachbarschaft unterscheiden.

Material 1:
Altruismus – ein bislang unbekanntes Phänomen bei Pflanzen
An Orten mit geringem Lichtangebot, wie etwa im Unterholz von Bäumen, zeigt *Impatiens pallida* in Anwesenheit anderer Pflanzen ein verändertes Wachstumsverhalten: Die Pflanzen schicken vermehrt Nährstoffe in die Laubblätter, die vergleichsweise größer werden als bei hohem Lichteinfall. Die Nährstoffzufuhr in Sprossachse und Wurzeln ist reduziert.
Die Wissenschaftler MURPHY und DUDLEY führten Wachstumsversuche mit Gruppen von *Impatiens*-Pflanzen durch, die entweder neben nahe verwandten oder neben nicht verwandten Artgenossen wuchsen. Sie variierten dabei die Faktoren Lichtangebot und Wurzelkontakt zur Nachbarpflanze. Teilergebnisse dieser Versuche unter geringem Lichteinfall und bei Wurzelkontakt sind in Tab. 1 zusammengefasst.

Wuchsform in Nachbarschaft zu nahe verwandten Artgenossen	**Wuchsform in Nachbarschaft zu nicht verwandten Artgenossen**
– kleinere Blätter – stärker verzweigte und längere Sprossachse	– größere Blätter – reduziertes Sprosswachstum

Tab. 1: Versuchsergebnisse bei geringem Lichteinfall und Wurzelkontakt zwischen benachbarten Pflanzen

1.1 Formulieren Sie die Befunde aus Material 1 und deuten Sie das im ersten Textabschnitt beschriebene Wachstumsverhalten unter dem Aspekt der Konkurrenz. 10

1.2 Leiten Sie den biologischen Sinn der in der Tab. 1 aufgeführten Versuchsergebnisse ab und prüfen Sie, ob hier tatsächlich Altruismus vorliegt. Begründen Sie Ihre Ausführungen. 10

2 Pflanzen mit Zwitterblüten wie das große Springkraut *(Impatiens noli-tangere)*, in denen sowohl Staubblätter als auch ein Fruchtknoten vorhanden sind (Material 2), unterliegen prinzipiell der Gefahr der Selbstbestäubung.

Material 2: Botanische Informationen zum Springkraut *(Impatiens sp.)*:
Springkräuter gehören zu den Balsaminengewächsen und sind weltweit mit ca. 1 000 Arten verbreitet. Alle Arten sind leicht giftig, ihre Blüten zwittrig. In der gespornten, zygomorphen Blüte liegen die Staubblätter unterhalb des oberständigen Fruchtknotens. Im ausgereiften Zustand ist der Zellsaftdruck in den Kapselfrüchten so groß, dass die Kapseln aufreißen und die Samen explosionsartig herausgeschleudert werden. Daher rührt auch die volkstümliche Bezeichnung der Springkräuter, wie z. B. des Großen Springkrauts *(Impatiens noli-tangere)*, als „Rühr-mich-nicht-an".

Abb. 1: *Impatiens noli-tangere*

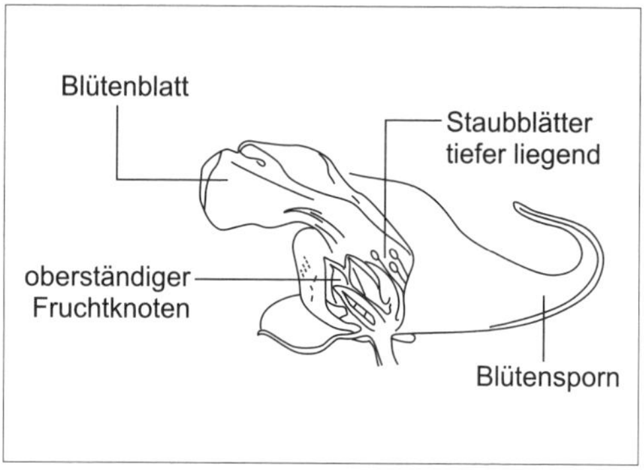

Abb. 2: Längsschnitt durch die Blüte von *Impatiens noli-tangere*

2.1 Stellen Sie den evolutiven Nachteil von Selbstbestäubung (mit anschließender Selbstbefruchtung) im Gegensatz zur Fremdbestäubung dar. Welches Blütenmerkmal verhindert bei *Impatiens noli-tangere* die Selbstbestäubung? 8

2.2 Erläutern Sie eine andere evolutive Strategie, wie bei Pflanzen eine Selbstbestäubung ausgeschlossen werden kann. 4

2.3 Erklären Sie die Entstehung des die Selbstbestäubung verhindernden Blütenmerkmals bei *Impatiens noli-tangere* nach der Evolutionstheorie von LAMARCK und nach der synthetischen Evolutionstheorie. 8

2.4 Ermitteln Sie die Selektionswirkung auf vereinzelt auftretende ungiftige sowie stark giftige Individuen von *Impatiens noli-tangere* (vgl. Material 2) und stellen Sie jeweils die Individuenverteilung bezüglich des Merkmals „Giftigkeit – keine Giftproduktion" vor und nach der Selektion in einem Kurvendiagramm dar.
Kommentieren Sie Ihr Diagramm. 10

50

Lösung

Inhalte: intra- und interspezifische Konkurrenz, Altruismus, genetische Variabilität durch Rekombination, Evolutionstheorie von LAMARCK, Synthetische Evolutionstheorie, Evolutionsfaktor Selektion

1.1 Befunde: *Impatiens-pallida*-Individuen, die mit anderen Pflanzen zusammen angesiedelt sind, bilden bei geringem Lichteinfall größere Laubblätter aus als bei hohem Lichtgenuss. Dafür werden Wurzeln und Spross mit Nährstoffen schwächer versorgt. Unter der Voraussetzung, dass zwischen den untersuchten Individuen Wurzelkontakt besteht, kommt es zu folgenden differenzierten Wachstumsreaktionen: Die Ausbildung größerer Blätter mit reduziertem Sprosswachstum erfolgt nur, wenn nicht verwandte Artgenossen benachbart sind. Bei Wurzelkontakt zu nahe verwandten Artgenossen bleiben die Blätter kleiner und die Sprossachse ist stärker verzweigt und länger.
Das veränderte Blattwachstum ist eine Reaktion auf die intraspezifische Konkurrenz um Licht. Größere Blätter ermöglichen eine verbesserte Ausnutzung des Lichts und beschatten Konkurrenzpflanzen, die somit im Wachstum und der Fortpflanzungsfähigkeit eingeschränkt werden.

1.2 Nur entfernter verwandte Artgenossen werden durch die vergrößerten Laubblätter beschattet und folglich wie artfremde Konkurrenten im Wachstum und letztendlich der Fortpflanzungsfähigkeit eingeschränkt. Die kleinen Blätter in Nachbarschaft naher Verwandter dagegen ermöglichen allen nebeneinanderstehenden Individuen eine gute Gedeihfähigkeit, somit bessere Fortpflanzungschancen. Die Erkennung von Verwandten und Nichtverwandten erfolgt vermutlich durch Stoffaustausch über das Wurzelsystem. Hier liegt **Altruismus** vor, denn nur bei Kontakt mit nahen Verwandten behalten die Individuen ihre kleineren Blätter bei, obwohl mit der Ausbildung einer größeren Blattfläche stoffwechselbedingte Vorteile, folgend eine bessere Gedeih- und Fortpflanzungsfähigkeit verbunden wären. Der Verzicht auf diesen Vorteil zugunsten von Artgenossen sichert auch deren Fortpflanzung. Da es sich um nahe verwandte Artgenossen handelt, wird auf diese Weise indirekt dafür gesorgt, dass neben den Genen der Artgenossen ein Teil der „eigenen Gene“ der im Blattwachstum zurücksteckenden Pflanzen an die Folgegeneration weitergegeben wird. Hiermit ist zugleich die genetische Variabilität erhöht.

2.1 Selbstbestäubung mit anschließender Selbstbefruchtung schränkt die genetische Variabilität innerhalb einer Population ein. Daraus resultiert mittelfristig eine geringe Angepasstheit an wechselnde Umweltfaktoren. Diese Art der Fortpflanzung kommt einer **Inzucht** gleich. Dabei können sich auch genetische Defekte in den Folgegenerationen festsetzen. Bei *I. noli-tangere* steht der Fruchtknoten oberhalb der Staubblätter bzw. die Staubblätter sind verkürzt, sodass selbst reife Pollen gar nicht erst auf dessen Oberfläche gelangen würden.

Bei I. noli-tangere liegt eine ganz besondere Art zur Verhinderung von Selbstbestäubung vor: Die Narbenentwicklung erfolgt erst nach dem Abfallen der Staubblätter. Bei solchen Blüten, die als protandrisch bezeichnet werden, ist eine Selbstbestäubung von vornherein ausgeschlossen. Unter bestimmten für eine Insektenbestäubung ungünstigen Bedingungen oder an extrem schattigen Standorten kann es aber zur Ausbildung kleistogamer Blüten kommen. Bei der Kleistogamie erfolgt eine spontane Selbstbestäubung in den geschlossenen Blüten.

2.2 Unterschiedliche Reifezeiten der Keimzellen in Pollenkörnern (Spermazellen) und Fruchtknoten (Eizelle) verhindern eine Selbstbefruchtung (zeitliche Isolation). Auch die Ausbildung getrenntgeschlechtlicher Blüten (Diözie) stellt in Form einer räumlichen Trennung einen Isolationsfaktor dar.

2.3 **Lamarck:** Individuen von *I. noli-tangere* entwickelten das Bedürfnis, kürzere Staubblätter zu bekommen, um so der Gefahr der ungünstigen Selbstbestäubung zu entgehen. Durch fortwährendes Training der betreffenden Gewebe verkürzten sich mit der Zeit die Staubblätter. Dabei wurde die Ausprägung des jeweils veränderten Merkmals an die Nachkommen weitergegeben. Schließlich waren die Staubblätter so kurz, dass die Pollenkörner nicht mehr auf die Narbe gelangen konnten. Nun besaßen alle Individuen von *I. noli-tangere* diese neue Merkmalsausprägung. *(Analoge Argumentation bzgl. oberst. Fruchtknoten möglich.)*
Synthetische Evolutionstheorie: Nach der Synthetischen Evolutionstheorie führte das Zusammenspiel der Evolutionsfaktoren Rekombination, Mutation, evtl. zusätzlich Isolation und Gendrift über einen längeren Zeitraum zu Veränderungen im Genpool von *I. noli-tangere* mit dem Ergebnis, dass sich die genetische Variabilität erhöhte. Auf die nun sehr unterschiedlichen Phänotypen wirkte die Selektion. Letztendlich hatten die Individuen mit kürzeren Staubblättern (oder oberständigen Fruchtknoten), die fremdbestäubt wurden, einen Selektionsvorteil, also eine höhere Überlebens- und Fortpflanzungschance. Langfristig setzte sich diese neue Merkmalsausprägung als Artmerkmal durch.

2.4

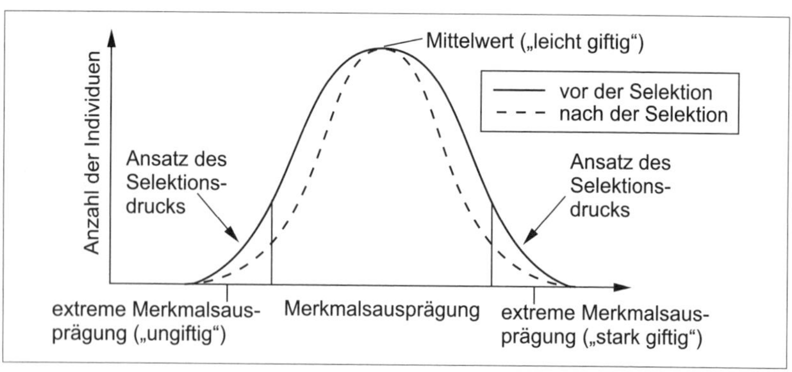

Bei ungiftigen und stark giftigen Exemplaren von *I. noli-tangere* handelt es sich um Individuen mit einer jeweils extremen Merkmalsausprägung, die deutlich vom Mittelwert „leicht giftig“ abweicht. Der Selektionsdruck durch Umwelteinflüsse setzt bei den Phänotypen an, die bezüglich des Giftgehalts eine extreme Merkmalsausprägung aufweisen: keine Giftproduktion oder extrem hoher Giftgehalt. Ein Selektionsfaktor könnte bei den ungiftigen Exemplaren eine erhöhte Anfälligkeit für Pflanzenschädlinge sein und bei den stark giftigen Individuen der Stoffwechsel der Pflanzen, da eine hohe Giftkonzentration die Stoffwechselvorgänge beeinträchtigen bzw. vollständig zum Erliegen bringen könnte. Folglich sind die *Impatiens*-Individuen selektionsbegünstigt, die eine bezüglich des Giftgehalts durchschnittliche Merkmalsausprägung aufweisen. Der Selektionsdruck wirkt somit immer **stabilisierend** auf Phänotypen mit mittlerem Giftgehalt. Dabei werden Randtypen eliminiert, was mittelfristig eine „Verschmälerung“ der Populationskurve zur Folge hat. Hier liegt somit eine stabilisierende Selektion vor.

Vergleich der Insulinstrukturen bei Säugetieren

Punkte

1 Insulin ist ein Peptidhormon, das die Aufnahme von Glucose in die Zellen fördert. Abb. 1 zeigt im Vergleich jeweils denselben Abschnitt des insgesamt 54 Aminosäuren umfassenden Insulinmoleküls für verschiedene Säugetiere. Das Insulin ist bei den untersuchten Arten funktionsgleich.

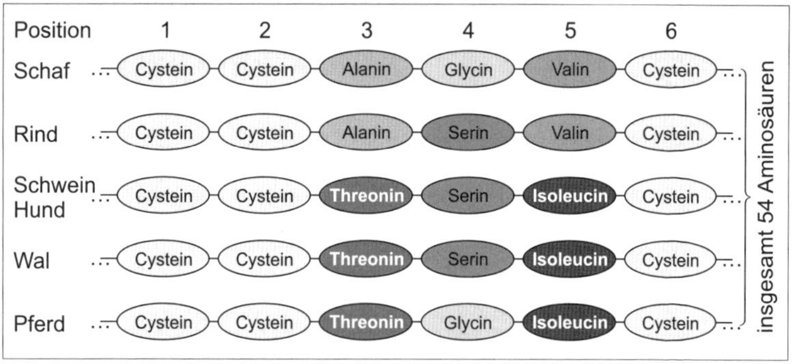

Abb. 1: Vergleich der Aminosäuresequenzen des Insulins verschiedener Säugetiere

1.1 Vergleichen Sie die in Abb. 1 dargestellten Aminosäuresequenzen und fassen Sie das Ergebnis zusammen. 6

1.2 Suchen Sie nach einer begründeten Erklärung für die Strukturunterschiede. 4

1.3 Nehmen Sie Stellung zu der Aussage, dass man von den Aminosäuresequenzen aus Abb. 1 sichere Rückschlüsse auf die insulincodierenden DNA-Abschnitte ziehen kann. 4

2 Verschiedene molekularbiologische Verfahren ermöglichen es, Polypeptide, die nachweislich bei verschiedenen Pflanzen- bzw. Tierarten funktionsgleich vorkommen, zu analysieren und daraus Verwandtschaftsverhältnisse abzuleiten. Ein gut untersuchtes Beispiel ist der in Abb. 2 schematisierte Cytochrom-c-Stammbaum.

2.1 Leiten Sie die relativen Verwandtschaftsverhältnisse aus dem Vergleich der Insulinabschnitte (Abb. 1) zwischen den genannten Säugerarten ab. Überprüfen Sie, soweit möglich, Ihre Ergebnisse anhand des Cytochrom-c-Stammbaums in Abb. 2. 10

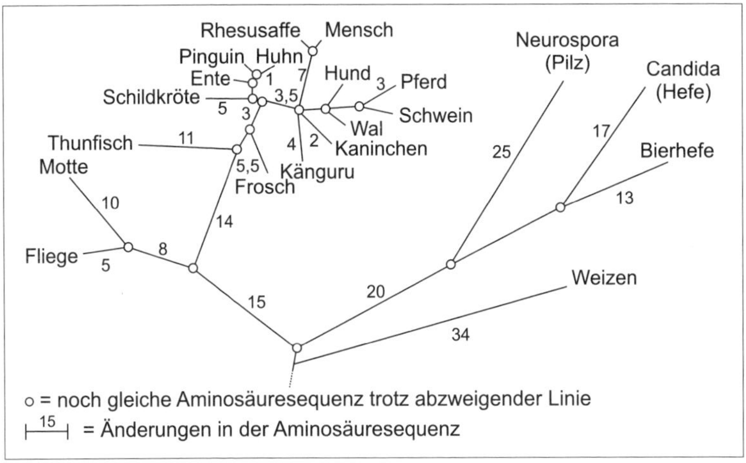

Abb. 2: Cytochrom-c-Stammbaum

2.2 Vergleichen Sie die Folgen von Mutationen, die entweder die Gerüstsubstanz oder das aktive Zentrum eines lebensnotwendigen Enzyms (z. B. Cytochrom c, ATP-Synthase) betreffen, im Hinblick auf den herrschenden Selektionsdruck. 8

3 In der Insulinersatztherapie bei Diabetikern wurde früher Tierinsulin eingesetzt. Heutzutage wird die Therapie mit gentechnisch hergestelltem Insulin durchgeführt.
Abb. 3 zeigt schematisch die Unterschiede in den Aminosäuresequenzen von Human- und Tierinsulin (Rind und Schwein).

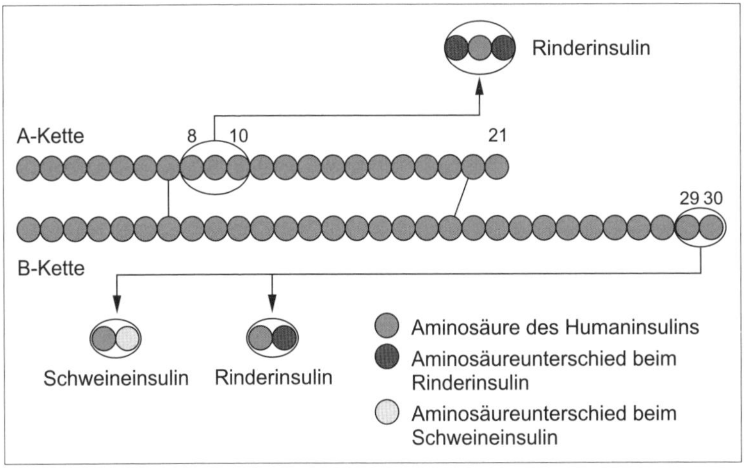

Abb. 3: Aminosäureketten von Human-, Rinder- und Schweineinsulin

Entscheiden Sie anhand von Abb. 3, welches Ersatzinsulin für Diabetiker geeignet ist. Stellen Sie eine Vermutung auf, warum dem gentechnisch hergestellten Insulin dennoch der Vorzug gegeben wird. Begründen Sie Ihre Aussagen. 8

4 Im Folgenden wird ein aktueller Forschungsansatz beschrieben, der mittelfristig einen Fortschritt in der Insulintherapie darstellen könnte.

Aminosäuren als Biomarker
„Fünf Aminosäuren verraten Diabetes
Indikatoren zeigen einen noch symptomlosen Diabetes Typ 2 an.
Die Konzentration bestimmter Aminosäuren im Blut kann verraten, ob sich im Körper bereits eine – noch symptomlose – Diabetes-Erkrankung entwickelt. Das belegt jetzt eine in „Nature Medicine“ veröffentlichte Studie. Dabei konnten die Forscher bereits vor Ausbruch der Krankheit erhöhte Werte der Aminosäuren Isoleucin, Leucin, Tyrosin und Phenylalanin bei Probanden entdecken. Die Früherkennung des Diabetes Typ 2 könnte damit möglicherweise deutlich verbessert werden. (…)
Ein amerikanisch-schwedisches Forscherteam (…) hat sich (…) auf die Suche nach (…) Indizien für eine im Verborgenen existierende Diabetes-Erkrankung gemacht. Grundlage der Studie waren 2 422 Probanden (…), deren Gesundheit über zwölf Jahre hinweg verfolgt wurde. Von den Teilnehmern entwickelten im Lauf dieser Zeit 201 Personen einen Diabetes.

Aminosäuren als Voranzeiger einer Diabetes-Erkrankung

Bei 189 Erkrankten analysierten die Wissenschaftler alle Proben, die während der Studienlaufzeit genommen worden waren, und verglichen sie mit den Blutwerten von 189 Studienteilnehmern, die bis zum Ende der Laufzeit gesund geblieben waren. Das Ergebnis: Die Blutwerte der Diabeteskranken unterschieden sich bereits lange vor Ausbruch der Krankheit signifikant im Gehalt an fünf Aminosäuren: Isoleucin, Leucin, Valin, Tyrosin und Phenylalanin. Am deutlichsten war der Zusammenhang dabei bei Isoleucin, Tyrosin und Phenylalanin. (…)“

Fassen Sie den Textauszug zusammen und ermitteln Sie eine mögliche genetisch bedingte Ursache für die biochemischen Befunde. 10

50

Lösung

Inhalte: Aminosäuresequenzanalyse und -vergleiche, Proteinbiosynthese, Redundanz des genetischen Codes, (Punkt-)Mutationen, Ermittlung von molekularbiologischen Verwandtschaftsverhältnissen

1.1 *Die Ausführungen beziehen sich ausschließlich auf den jeweils gezeigten Ausschnitt.*

Bei dem zu vergleichenden Abschnitt handelt es sich um eine Sequenz von sechs Aminosäuren aus den Insulinmolekülen von sechs verschiedenen Säugetieren, darunter Schaf, Rind, Schwein, Hund, Wal und Pferd. Bei allen Tierarten befindet sich an den Positionen 1, 2 und 6 der Sequenz die Aminosäure Cystein, während die Positionen 3,4 und 5 variabel besetzt sind. Bei Schaf- und Rinderinsulin steht an Position 3 Alanin und an Position 5 Valin, bei den Sequenzen aller übrigen Arten befinden sich an Position 3 Threonin und an der 5. Stelle Isoleucin. An Position 4 steht entweder Glycin (Schaf und Pferd) oder Serin (Rind, Schwein/Hund und Wal).
Zusammenfassend lässt sich feststellen, dass nur Aminosäureunterschiede an den Positionen 3, 4 und 5 auftreten. Die Insulinabschnitte von Schwein, Hund und Wal sind vollkommen identisch.

1.2 Strukturelle Unterschiede in Polypeptiden, hier dem Insulinmolekül, liegen in den verschiedenen Basenabfolgen in den codierenden DNA-Abschnitten begründet. Wenn man von einer ursprünglich identischen Vorläufersequenz ausgeht, lässt jede ausgetauschte Aminosäure auf mindestens einen Mutationsschritt innerhalb des für sie codierenden Basentripletts rückschließen. Allerdings kann keine genaue Aussage über die Anzahl und Art der Mutationen getroffen werden, da lediglich die Aminosäuresequenz als Vergleichsmaterial vorliegt.

1.3 Sichere Rückschlüsse auf die codierenden DNA-Abschnitte sind nicht möglich, da die aufgeführten Aminosäuren mehrfach codiert sind (Redundanz des genetischen Codes). Somit hätten mehrere verschiedene, gemäß den Codogenen transkribierte Codone den Einbau ein und derselben Aminosäure in das Insulinmolekül zur Folge. Die Aussage ist also falsch.

2.1 Gemäß den Insulinabschnitten müssten Schwein, Hund und Wal das engste Verwandtschaftsverhältnis aufweisen. Das Pferd dürfte mit diesen Arten genauso eng verwandt sein wie Schaf und Rind zueinanderstehen, da sich deren Sequenzen in jeweils nur einer Aminosäure unterscheiden. Ein etwas größerer verwandtschaftlicher Abstand bestünde demnach zwischen Pferd und Schaf, hier variieren jeweils zwei Aminosäuren. Relativ am weitesten wäre die Entfer-

nung zwischen dem Schaf und der Gruppe Schwein, Hund, Wal sowie zwischen Rind und Pferd, da hier jeweils drei Aminosäuren unterschiedlich sind.
Diese Verwandtschaftsverhältnisse lassen sich durch den Cytochrom-c-Stammbaum nicht bestätigen. Im Cytochrom c sind Änderungen in der Aminosäuresequenz zwischen Schwein und Hund bzw. dem Wal aufgetreten, die in Abb. 1 nicht vorhanden sind. Zudem steht hier das Pferd dem Schwein näher als dem Hund, ist jedoch weiter vom Wal entfernt, als es aus Abb. 1 ableitbar wäre. Hinsichtlich der Verwandtschaftsverhältnisse zwischen dem Rind und den übrigen Arten bietet Abb. 2 keine Anhaltspunkte.

2.2 Sowohl an der Aminosäuresequenz der Gerüstsubstanz als auch an der des aktiven Zentrums können (bei entsprechendem Aminosäureaustausch) strukturelle Veränderungen auftreten, wenn die für sie codierenden DNA-Abschnitte mutiert sind. Bzgl. der Gerüstsubstanz sind die Auswirkungen tendenziell von geringerer Bedeutung, da die Funktionsfähigkeit des betreffenden Enzyms dadurch nicht beeinträchtigt sein muss. Die Gerüstsubstanz dient dem Aufbau der Raumstruktur des Polypeptidmoleküls. Da jedoch auch die Enzymfunktion durch die Raumstruktur mitbestimmt wird (z. B. korrekte Verankerung in der Membran) ist eine Fehlfunktion des betreffenden Enzyms nicht ausgeschlossen. Jedoch ist hier der Selektionsdruck vergleichsweise gering. Ist dagegen das aktive Zentrum betroffen, so kann das dem Enzym zugeordnete Substrat eventuell nicht mehr umgesetzt werden. Es kann zu erheblichen Beeinträchtigungen im Stoffwechselgeschehen kommen, die für den Besitzer letal sein können. Auf den das aktive Zentrum bildenden Aminosäuren lastet also ein erheblicher Selektionsdruck.

3 Da sich Menschen- und Schweineinsulin in nur einer Position in der Aminosäuresequenz unterscheiden, das Rinderinsulin jedoch im Verhältnis zum Humaninsulin in zwei Bereichen je eine Abweichung aufweist, ist das Schweineinsulin dem Humaninsulin chemisch ähnlicher. Demzufolge dürfte es auch eher die Funktion des Humaninsulins übernehmen können als das Rinderinsulin. Dem gentechnisch hergestellten Ersatzinsulin, dessen Aminosäuresequenz der des Humaninsulins genau gleicht, wird dennoch der Vorzug gegeben, da mit der Verabreichung von Schweineinsulin der Kontakt mit körperfremden Eiweißen verbunden ist. Diese wirken als Antigene und könnten beim Empfänger unerwünschte (allergische) Immunreaktionen hervorrufen. Bei gentechnisch hergestelltem Insulin ist das nicht der Fall.

4 Aktuelle Forschungsergebnisse belegen, dass sich ein noch nicht mit Symptomen auftretender Diabetes bereits früh an dem Aminosäuregehalt im Blut erkennen lässt. Bei Probanden, die später einen Diabetes entwickelten, waren die Werte von Isoleucin, Leucin, Valin, Tyrosin sowie Phenylalanin stark erhöht, was bei gesunden Probanden nicht auftrat.

Bei Isoleucin, Leucin, Valin sowie Phenylalanin handelt es sich um essenzielle Aminosäuren, die der Körper nicht selbst herstellen kann. Der erhöhte Gehalt an diesen Aminosäuren im Blut deutet darauf hin, dass Aminosäureabbau, -verwertung oder -ausscheidung beeinträchtigt sind. Mutationen in den für die entsprechenden Stoffwechselproteine codierenden Genen könnten für deren Fehlfunktion verantwortlich sein. Diese genetischen Veränderungen sind bei zukünftigen Diabetes-Patienten möglicherweise erblich bedingt.

Da die Leber eine zentrale Rolle im Aminosäurestoffwechsel spielt, ist es z. B. denkbar, dass Enzyme der Leber, die Aminosäuren weiterverwerten (z. B. in der Gluconeogenese), in ihrer Funktion eingeschränkt sind.

Des Weiteren könnten (Punkt)Mutationen in denjenigen Abschitten der DNA, die für die Isoleucin-, Leucin-, Valin-, Tyrosin- und Phenylalanin-spezifischen tRNA-Moleküle codieren, bewirken, dass verstärkt tRNA-Moleküle gebildet werden, die diese Aminosäuren binden. Daraus könnten ein erhöhter Bedarf und Gehalt an ensprechenden Aminosäuren resultieren, die sich auch in einer Erhöhung des Aminosäurepegels im Blut widerspiegeln.

Klausuren Biologie
Klausur 22: Zellbiologie/Stoffwechsel (Bearbeitungszeit: 75 min)

Das Tier als offenes System – eine Modellvorstellung

Punkte

Die nachfolgende Abbildung stammt von dem deutschen Physiologen GERHARD HEIDE (1933–2007). Er präsentiert darin eine vereinfachte Modellvorstellung zum offenen System „Tier“. Die Darstellung umfasst zwei Hauptbereiche, die durch die „Zelle“ miteinander in Verbindung stehen.

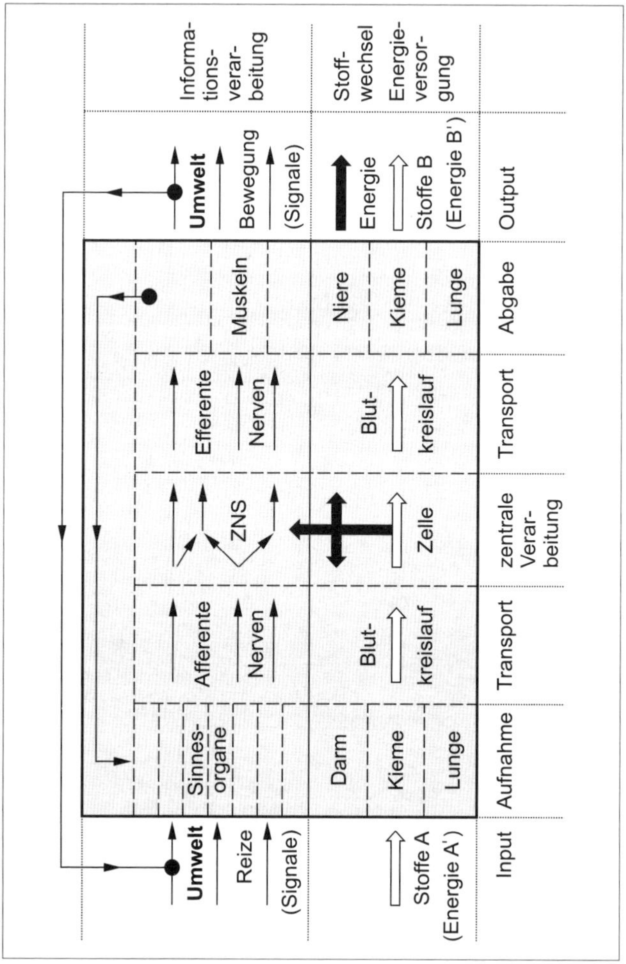

Abb. 1: vereinfachte Darstellung des offenen Systems „Tier“

Anmerkungen:
afferre (lat.): heranbringen, melden
efferre (lat.): hinaustragen
input (engl.): Eingabe, Einspeisung
output (engl.): Ausgabe, Ausstoß

1 Beschreiben Sie in Grundzügen die beiden Bereiche des „Tier"-Modells, indem Sie von der rechten äußeren Beschriftung ausgehen. 6

2 Der Zelle kommt in dieser Modellvorstellung eine zentrale Stellung zu. Erläutern und begründen Sie ausführlich diesen Sachverhalt. 5

3 Legen Sie die Bedeutung der verdickten schwarzen (Energie-)Pfeile dar und erklären Sie, warum zwar ein Pfeil als Output, aber kein entsprechender Pfeil als Input vorhanden ist. Überlegen Sie, ob es hier auch Ausnahmen gibt.
Gehen Sie in Ihren Darlegungen auch auf Struktur und Funktion des entsprechenden Zellorganells und das zentrale biochemische Produkt dieses Prozesses ein. 8

4 Definieren Sie zunächst den Begriff „System". Überprüfen Sie anschließend anhand der Abbildung, inwieweit es sich bei einem Tier um ein offenes System und nicht etwa um ein isoliertes bzw. geschlossenes System handelt. 6

5 Erläutern Sie, warum man sich – nicht nur in der Biologie – derartiger Modellvorstellungen bedient und warum dies sinnvoll ist. 5

30

Lösung

Inhalte: Zelle als zentrale Schalteinheit, Mitochondrien-Bau, ATP, Systembegriff, Bedeutung von Modellvorstellungen

1 *Die Struktur der Abbildung kann Sie bei Ihrer Bearbeitung leiten, wenn Sie die Sachverhalte konsequent von links nach rechts darstellen.*

Die „Tier"-Modellvorstellung in Abb. 1 kann in zwei Bereiche unterteilt werden – in einen oberen, der die Informationsverarbeitung beinhaltet, sowie in einen unteren, der den Stoffwechsel und die Energieversorgung beschreibt.
Reize bzw. Signale (Informationen) gelangen aus der Umwelt über Sinnesorgane in das Tier und werden über afferente Nervenbahnen zum Zentralnervensystem geleitet. Hier erfolgen die Verarbeitung der Sinneseindrücke und die Ausgabe von (Befehls-)Reaktionen, deren Inhalt über efferente Nerven zu den Erfolgsorganen, den Muskeln, geleitet wird. Das Ergebnis sind Bewegungen in der Umgebung und damit Signale nach außen – eine Rückkopplung zur Ausgangssituation in der Umwelt. Aber auch innerhalb des Tieres ist eine derartige Rückkopplung möglich, die den Körper über seinen physiologischen Zustand informiert.
Der zweite Bereich der Abbildung, der Wege des Stoffwechsels und der Energieversorgung im Tier schematisiert, verdeutlicht, was mit Stoffen geschieht, die über Darm, Kieme und/oder Lunge aufgenommen werden. Zentrales Transportmedium für diese Substanzen ist das Blutkreislaufsystem, zentrale Verarbeitungsstelle die Zelle. Von hier aus erfolgt die Energieversorgung des gesamten Modelltieres. Stoffe, die nicht mehr benötigt werden, gelangen wiederum über den Blutkreislauf zu Ausscheidungsorganen wie Niere, Kieme und/oder Lunge. Die ausgeschiedenen Substanzen unterscheiden sich dabei in ihrem Energiegehalt von denjenigen, die vom Tier aufgenommen worden sind. Auch Energie wird vom Modellorganismus direkt an die Umwelt als Wärmeenergie abgegeben.

2 Tiere sind – wie Menschen und Pflanzen auch – aus Zellen aufgebaut. Die Zelle bildet die kleinste Funktionseinheit des Lebens. Sie ist daher bei der zentralen Verarbeitung des „Inputs" auf beiden Ebenen der Modellvorstellung von entscheidender Bedeutung. Zellen können sich funktionsspezifisch differenzieren und zu Zellverbänden, Geweben und Organen zusammenschließen. Fast alle Lebensprozesse sind energiebedürftige Vorgänge. Spezialisierte Zellen wandeln die aufgenommenen Stoffe um. Weitere Zellen entziehen den in kleinere Einheiten umgewandelten Stoffen Energie und fixieren diese biochemisch. Der dabei in den Zellen produzierte Energieträger und -speicher ATP kann im ganzen Organismus verteilt und überall bei energiebedürftigen Arbeitsprozessen eingesetzt werden.

3 *Gemäß der Aufgabenstellung wird hier keine komplette Darlegung der biochemischen Abläufe im Zellorganell Mitochondrium erwartet. Eine Darstellung des Wesentlichen genügt.*

Der Zelle kommt in dieser Modellvorstellung für den Energiehaushalt des Organismus (Symbol: verdickte schwarze Pfeile) eine zentrale Bedeutung zu. Mithilfe der **Mitochondrien**, ihrer „Kraftwerke", ist sie befähigt, aus Kohlenhydraten ($C_6H_{12}O_6$), Sauerstoff und Wasser ATP zu synthetisieren. Mitochondrien sind meist kugelig-ovale bis stäbchenförmige Zellorganellen, die in ihrem Inneren eigene Erbsubstanz in Form von DNA enthalten und eine doppelte Membran besitzen. Die innere Membran ist zur Vergrößerung ihrer Oberfläche, an der ein Teil der biochemischen Reaktionen zur ATP-Synthese ablaufen, stark aufgefaltet. Je nach Art des Faltmusters, das in die Matrix, den Innenraum der Mitochondrien, hineinreicht, unterscheidet man einen Christae- (Leisten-), Tubulus- (Röhren-) und Sacculus- (Säckchen-)Typ. Als „Output" ihrer biochemischen Reaktionen geben die Mitochondrien die energiearmen Stoffe Kohlenstoffdioxid und Wasser wieder ab. Energie wird damit nicht direkt aufgenommen, sondern indirekt über die einverleibten Stoffe aus der Nahrung – was das Fehlen eines verdickten schwarzen Pfeils beim „Input" erklärt. Andererseits geben Tiere Energie an ihre Umwelt ab. Dies geschieht in Form von Strahlungsenergie als Wärme, die dem Körper dadurch als direkt nutzbare Energie verloren geht. Eine derartige Umwandlung, d. h. „Entwertung" der körpereigenen Energie in Wärmeenergie geschieht natürlich auch bei jeder körperlichen Arbeit.
Das Modell berücksichtigt allerdings nicht, dass wechselwarme Tiere wie z. B. Eidechsen – um auf ihre „Betriebstemperatur" zu kommen – u. a. auch Sonnenbäder nehmen und sich damit indirekt Energie (als Strahlungsenergie) ebenfalls nutzbar machen können.

4 *Ausgehend von der Begriffsdefinition können Sie zu den erwähnten möglichen Systemen überleiten und diese im Zusammenhang mit dem Systembegriff beim Modellorganismus „Tier" diskutieren.*

Eine größere Einheit, die sich aus kleineren Untereinheiten (Gegenständen, Prozessen, Einzelteilen) zusammensetzt, bezeichnet man als System, wenn die Untereinheiten miteinander vernetzt sind (d. h. aufeinander abgestimmt sind) und somit die größere Einheit in ihrer Gesamtheit mehr umfasst und ermöglicht als die Summe ihrer einzelnen Teile.
Betrachtet man den Modellorganismus Tier unter dem Begriff des „Systems", so kommen insgesamt drei deutlich voneinander unterschiedene Einordnungsmöglichkeiten infrage. Eine Klasse der Systeme ist diejenige der **abgeschlossenen** oder **isolierten Systeme**. Eine Einordnung in diese Kategorie ist aber nicht sinnvoll, da solche Systeme mit ihrer Umwelt nicht in Interaktion treten und weder Stoffe noch Energie austauschen. Diese Grundvoraussetzung ist hier eindeutig nicht gegeben. In der Realität existieren derartige Systeme nicht – sie

werden ausschließlich für Gedankenexperimente theoretisch postuliert. Als **geschlossene Systeme** bezeichnet man Systeme, die mit ihrer Umwelt lediglich Energie austauschen. Der Modellorganismus „Tier“ gibt zwar Energie ab, aber nicht ausschließlich Energie; er nimmt darüber hinaus auch Stoffe auf und scheidet Substanzen aus. Für ihn kommt daher – wie bei jedem belebten Organismus – nur eine Einordnung in die Kategorie **offene Systeme** infrage, da dieser Organismus – wie jedes offene System – sowohl Stoffe als auch Energie mit seiner Umwelt austauscht.

5 In der biologischen Forschung werden Modellvorstellungen als sinnvolle Hilfsmittel verwendet. Sie versuchen, natürliche Prozesse und Systeme vereinfacht und /oder schematisch abzubilden und greifen dabei oft auf Analogien zurück. Modellvorstellungen unterscheiden sich dabei von ihren realen Grundlagen. In den Naturwissenschaften ist ihre Darstellungsweise meist abstrakt – wie z. B. in grafischen oder mathematischen Modellen. Sie weisen eine geringere Komplexität auf als das Original und sind damit übersichtlicher und anschaulicher als die realen Verhältnisse. Modellvorstellungen kommen auch dann zum Einsatz, wenn andere (z. B. experimentelle) Vorgehensweisen, die mit Beschädigungen des Forschungsobjektes einhergehen würden, sich aus praktischen oder ethischen Gründen verbieten. Indem Modellvorstellungen einzelne Aspekte und Begebenheiten als *Teil*-Aspekte bereits bekannter Sachverhalte bzw. Modelle herausstellen, können so neue Zusammenhänge aufgedeckt oder Hypothesen aufgestellt werden, die ggf. zu weiteren Untersuchungen Anlass geben.

Ihre Meinung ist uns wichtig!

Ihre Anregungen sind uns immer willkommen. Bitte informieren Sie uns mit diesem Schein über Ihre Verbesserungsvorschläge!

Titel-Nr.	Seite	Vorschlag

Bitte hier abtrennen

Lernen • Wissen • Zukunft
STARK

Bitte hier abtrennen

Zutreffendes bitte ankreuzen!

Die Absenderin/der Absender ist:

- ☐ Lehrer/in in den Klassenstufen: ____
- ☐ Fachbetreuer/in
  Fächer: ____
- ☐ Seminarlehrer/in
  Fächer: ____
- ☐ Regierungsfachberater/in
  Fächer: ____
- ☐ Oberstufenbetreuer/in
- ☐ Schulleiter/in
- ☐ Referendar/in, Termin 2. Staatsexamen: ____
- ☐ Leiter/in Lehrerbibliothek
- ☐ Leiter/in Schülerbibliothek
- ☐ Sekretariat
- ☐ Eltern
- ☐ Schüler/in, Klasse: ____
- ☐ Sonstiges: ____

Unterrichtsfächer: **(Bei Lehrkräften!)**

____

STARK Verlag
Postfach 1852
85318 Freising

23_V1T_NW

Bitte ausfüllen und im frankierten Umschlag an uns einsenden. Für Fensterkuverts geeignet.

Kennen Sie Ihre Kundennummer? Bitte hier eintragen.

Absender **(Bitte in Druckbuchstaben!)**

Name/Vorname

Straße/Nr.

PLZ/Ort/Ortsteil

Telefon privat

Geburtsjahr

E-Mail

Schule/Schulstempel **(Bitte immer angeben!)**

(Bitte blättern Sie um)

Physik

Physik 1 – Elektromagnetisches Feld und Relativitätstheorie	Best.-Nr. 943028	e
Physik 2 – Aufbau der Materie	Best.-Nr. 943038	
Mechanik	Best.-Nr. 94307	
Abitur-Wissen Elektrodynamik	Best.-Nr. 94331	e
Abitur-Wissen Aufbau der Materie	Best.-Nr. 94332	
Klausuren Physik Oberstufe	Best.-Nr. 103011	
Kompakt-Wissen Abitur Physik 1 – Mechanik, Thermodynamik, Relativitätstheorie	Best.-Nr. 943012	e
Kompakt-Wissen Abitur Physik 2 – Elektrizitätslehre, Magnetismus, Elektrodynamik, Wellenoptik	Best.-Nr. 943013	e
Kompakt-Wissen Abitur Physik 3 Atom-, Kern- und Teilchenphysik	Best.-Nr. 943011	e

Erdkunde/Geographie

Geographie Oberstufe	Best.-Nr. 949098	e
Geographie 1 – Bayern	Best.-Nr. 94911	e
Geographie 2 – Bayern	Best.-Nr. 94912	e
Geographie 2014 – Baden-Württemberg	Best.-Nr. 84906	
Geographie – NRW Grundkurs · Leistungskurs	Best.-Nr. 54902	e
Prüfungswissen Geographie Oberstufe	Best.-Nr. 14901	
Abitur-Wissen Entwicklungsländer	Best.-Nr. 94902	
Abitur-Wissen Europa	Best.-Nr. 94905	
Abitur-Wissen Der asiatisch-pazifische Raum	Best.-Nr. 94906	
Kompakt-Wissen Abitur Erdkunde Allgemeine Geografie · Regionale Geografie	Best.-Nr. 949010	
Kompakt-Wissen Abitur – Bayern Geographie Q11/Q12	Best.-Nr. 9490108	e

e Alle so gekennzeichneten Titel sind auch als eBook über **www.stark-verlag.de** erhältlich.

Englisch

Übersetzung	Best.-Nr. 82454	
Grammatikübungen	Best.-Nr. 82452	e
Themenwortschatz	Best.-Nr. 82451	
Grundlagen, Arbeitstechniken, Methoden mit Audio-CD	Best.-Nr. 944601	
Sprachmittlung	Best.-Nr. 94469	
Sprechfertigkeit mit Audio-CD	Best.-Nr. 94467	
Klausuren Englisch Oberstufe	Best.-Nr. 905113	e
Abitur-Wissen Landeskunde Großbritannien	Best.-Nr. 94461	
Abitur-Wissen Landeskunde USA	Best.-Nr. 94463	
Abitur-Wissen Englische Literaturgeschichte	Best.-Nr. 94465	
Kompakt-Wissen Abitur Wortschatz Oberstufe	Best.-Nr. 90462	
Kompakt-Wissen Abitur Landeskunde/Literatur	Best.-Nr. 90463	
Kompakt-Wissen Kurzgrammatik	Best.-Nr. 90461	
Kompakt-Wissen Grundwortschatz	Best.-Nr. 90464	e

Deutsch

Dramen analysieren und interpretieren	Best.-Nr. 944092	
Erörtern und Sachtexte analysieren	Best.-Nr. 944094	e
Gedichte analysieren und interpretieren	Best.-Nr. 944091	
Epische Texte analysieren und interpretieren	Best.-Nr. 944093	e
Abitur-Wissen Erörtern und Sachtexte analysieren	Best.-Nr. 944064	
Abitur-Wissen Textinterpretation Lyrik · Drama · Epik	Best.-Nr. 944061	
Abitur-Wissen Deutsche Literaturgeschichte	Best.-Nr. 94405	
Abitur-Wissen Prüfungswissen Oberstufe	Best.-Nr. 94400	e
Kompakt-Wissen Rechtschreibung	Best.-Nr. 944065	e
Kompakt-Wissen Literaturgeschichte	Best.-Nr. 944066	
Klausuren Deutsch Oberstufe	Best.-Nr. 104011	

Natürlich führen wir noch mehr Titel für alle Fächer und Stufen: Alle Informationen unter
www.stark-verlag.de

23-VIT_NW

Bestellungen bitte direkt an:

STARK Verlagsgesellschaft mbH & Co. KG · Postfach 1852 · 85318 Freising
Tel. 0180 3 179000* · Fax 0180 3 179001* · www.stark-verlag.de · info@stark-verlag.de
*9 Cent pro Min. aus dem deutschen Festnetz, Mobilfunk bis 42 Cent pro Min.
Aus dem Mobilfunknetz wählen Sie die Festnetznummer: 08167 9573-0

Lernen • Wissen • Zukunft
STARK